RESÍDUOS DE CONSTRUÇÃO CIVIL
2ª EDIÇÃO
Quantificação e gerenciamento

André Nagalli

Copyright © 2014 Oficina de Textos
1ª reimpressão 2015
2ª edição 2022

Grafia atualizada conforme o Acordo Ortográfico da Língua Portuguesa de 1990, em vigor no Brasil desde 2009.

CONSELHO EDITORIAL Aluízio Borém; Cylon Gonçalves da Silva; Doris C. C. K. Kowaltowski; José Galizia Tundisi; Luis Enrique Sánchez; Paulo Helene; Rozely Ferreira dos Santos; Teresa Gallotti Florenzano

Capa e projeto gráfico MALU VALLIM
Preparação de figuras e diagramação MARIA LÚCIA RIGON
Preparação de texto NATÁLIA PINHEIRO
Revisão de texto ANNA BEATRIZ FERNANDES
Impressão e acabamento

Dados Internacionais de Catalogação na Publicação (CIP)
(Câmara Brasileira do Livro, SP, Brasil)

Nagalli, André
    Resíduos de construção civil : gerenciamento e quantificação / André Nagalli. -- 2. ed. -- São Paulo, SP : Oficina de Textos, 2022.

Bibliografia.
ISBN 978-65-86235-58-6

    1. Construção civil 2. Gestão ambiental 3. Meio ambiente - Conservação - Proteção 4. Planejamento ambiental 5. Resíduos - Gestão I. Título.

22-105667　　　　　　　　　　　　　　CDD-363.728

Índices para catálogo sistemático:
    1. Construção civil : Resíduos : Gestão ambiental : Problemas ambientais 363.728

Eliete Marques da Silva - Bibliotecária - CRB-8/9380

Todos os direitos reservados à OFICINA DE TEXTOS
Rua Cubatão, 798 CEP 04013-003 São Paulo-SP – Brasil
tel. (11) 3085 7933
www.ofitexto.com.br
atend@ofitexto.com.br

Sumário

1 Os resíduos de construção e de demolição 5
    1.1   Panorama atual 5
    1.2   A origem dos resíduos sólidos 6
    1.3   O conceito de resíduo da construção civil 8

2 Legislações e normatizações 13
    2.1   Os aspectos legais 13
    2.2   Os aspectos normativos 20

3 O processo de gerenciamento 27
    3.1   Entes ligados ao gerenciamento 27
    3.2   Diretrizes do gerenciamento 28
    3.3   Políticas de planejamento 41
    3.4   Mecanismos de avaliação e controle 42
    3.5   Impactos ambientais associados aos RCDs 44

4 Os processos geradores e a identificação de resíduos 49
    4.1   Sistemas e unidades de medida 54
    4.2   Densidade aparente e fatores de variação volumétrica 55
    4.3   Classificação dos agentes geradores 61
    4.4   Parâmetros que influenciam a geração de resíduos 63
    4.5   Caracterização e composição 64
    4.6   O gerenciamento de atividades de desconstrução 81

5 Quantificação dos RCDs 84
    5.1   Como quantificar resíduos 84
    5.2   Outros indicadores correlatos 96
    5.3   Métodos para a estimativa da quantidade de RCDs 99
    5.4   Modelos de predição disponíveis 103
    5.5   Aplicação dos métodos de predição de resíduos
           a um caso real 145

6 Classificação e manejo dos resíduos 158
    6.1   A Lista Brasileira de Resíduos Sólidos 160
    6.2   Acondicionamento e armazenamento 162

6.3	Coleta	169
6.4	Transportes de RCDs	170
6.5	Destinações dos resíduos	174

7 Preparação e organização do canteiro de obras 183
    7.1   *Layout* do canteiro 183
    7.2   Recursos materiais 184
    7.3   Recursos humanos 185
    7.4   Recursos financeiros 191

Considerações finais 193
Referências bibliográficas 198

Os resíduos de construção e de demolição

1.1 Panorama atual

Nos últimos anos, a construção civil brasileira vem aumentando sua participação na economia nacional. Cerca de 15% do PIB brasileiro é do setor da construção, o que o torna um dos mais importantes ramos de produção do país. Nas últimas décadas, os resíduos de construção e de demolição (RCD) vêm recebendo atenção crescente por parte de construtores e pesquisadores em todo o mundo (Yuan et al., 2012). Isto se deve, principalmente, ao fato de que os RCDs estão se tornando um dos principais agentes para a poluição ambiental (Yuan; Shen; Li, 2011; Jailon; Poon; Chiang, 2009).

A construção civil, nos moldes como é hoje conduzida, apresenta-se como grande geradora de resíduos. No Brasil, onde boa parte dos processos construtivos é essencialmente manual e cuja execução se dá praticamente no canteiro de obras, os resíduos de construção e de demolição, além de potencialmente degradadores do meio ambiente, ocasionam problemas logísticos e prejuízos financeiros.

Dessa maneira, é preciso diferenciar a gestão dos RCDs do seu gerenciamento. Gestão é um processo amplo composto por políticas públicas, leis e regulamentos que balizam e direcionam a atuação dos agentes do setor. Já o gerenciamento se ocupa das atividades operacionais cotidianas e do trato direto com os resíduos. Com isso, o gerenciamento aborda as ações desenvolvidas por empreendedores e construtores no sentido de antever, controlar e gerir a manipulação dos resíduos de suas obras.

Por se tratar de uma atividade técnica que exige grande responsabilidade, o gerenciamento dos resíduos de construção e de demolição de uma obra deve ser conduzido por um profissional habilitado, sendo mais habitual o desenvolvimento desta atividade por engenheiros civis ou por arquitetos e urbanistas.

No município de Curitiba, por exemplo, estima-se que 48% dos resíduos sólidos gerados são provenientes da construção civil, o que significa em torno de 3.000 m³/dia (uma caçamba de entulho tem aproximadamente 5 m³, portanto, o equivalente a 600 caçambas/dia), dos quais, segundo a prefeitura municipal, 60% são oriundos de obras informais (Construção..., 2010).

De acordo com a Associação Brasileira de Empresas de Limpeza Pública e Resíduos Especiais (Abrelpe, 2021), estima-se que, em 2020, os municípios brasileiros coletaram cerca de 47 milhões de toneladas de RCDs, que representa cerca de 57% de todo o resíduo sólido urbano (RSU) coletado naquele ano. A União Europeia, preocupada com essa questão, estipulou a meta ousada de recuperar 70% em peso dos resíduos de construção e demolição (RCD) até 2020 (Llatas, 2011). No Brasil, segundo o Plano Nacional de Resíduos Sólidos (Brasil, 2012b), a meta é que todas as regiões do país estejam aptas a reciclar seus resíduos até 2027 por meio de unidades de recuperação, com eliminação das áreas de disposição irregular (bota-foras) inicialmente até 2014, prazo este prorrogado pelo novo marco regulatório do saneamento.

Por se tratar de um tema que ganhou grande importância somente há algumas décadas, as pesquisas na área ocorrem ainda de maneira dispersa. Yuan e Shen (2011), ao investigar as publicações disponíveis na área, concluíram que a investigação sobre os resíduos de construção e de demolição ainda não é sistemática e carece de aprofundamento e padronização. Outra dificuldade é que pesquisas recentes sobre resíduos de construção e demolição são essencialmente coleta de dados e de cunho descritivo (Yuan; Shen, 2011). Porém, a perspectiva é que as pesquisas se voltem mais para técnicas de simulação e modelagem mais sofisticadas.

Alguns centros de pesquisa importantes em RCD são: *The Hong Kong Polytechnic University* e *City University of Hong Kong* (China); *Universiti Kebangsaan Malaysia* (Malásia); *Griffith University* e *University of Western Sydney* (Austrália); e *National Technical University of Athens* (Grécia).

1.2 A origem dos resíduos sólidos

O ser humano sempre se valeu de recursos naturais para atender a suas necessidades. Inicialmente pelo uso de peles de animais para vestimentas e, na sequência, pelo emprego de instrumentos para confecção de objetos, ferramentas e armas. Em seguida, o domínio do processo de geração e controle do fogo o possibilitou aprimorar seu sistema de proteção, e ele pôde entrar e permanecer nas cavernas. Então, com as novas formas de organização social e familiar e o advento da agricultura, o homem pôde deixar de ser nômade e se estabelecer em um único local.

Observa-se que, ao longo da história, o homem aumentou sua apropriação dos recursos naturais, e o que antes era restrito a poucas necessidades humanas hoje requer a apropriação de muitos e diversos materiais. Se antes algumas peles e poucos alimentos eram suficientes para a sobrevivência do homem, hoje a sociedade impõe ao indivíduo necessidades de consumo cujos resíduos de produção e uso passam a ser um problema e consequentemente objetos de estudos.

Este processo de consumo e apropriação de recursos foi muito acelerado em dois momentos históricos: o surgimento da moeda e a Revolução Industrial. A moeda contribuiu para a aceleração do processo de trocas; em substituição ao escambo, ela passou a ser responsável pelo aumento na quantidade de resíduos gerados. Já a Revolução Industrial, na medida em que dinamizou os processos produtivos e "propiciou" ao homem produzir mais em menos tempo, aumentou o uso e a apropriação dos recursos naturais industrializados.

É interessante verificar que, ao longo da história, algumas iniciativas pontuais que tratavam de resíduos foram desenvolvidas. Na Europa, no início do século XIX, há registros de processamento de entulho de construções em escória de alto-forno. Na Holanda, por exemplo, em 1920, alguns rejeitos foram utilizados e aproveitados em construções. Após a Segunda Guerra Mundial, os escombros das construções europeias destruídas durante a guerra foram utilizados como agregados para produzir concreto e asfalto. Já na Alemanha, foram utilizados, no fabrico de concreto, 12 milhões de metros cúbicos de agregados oriundos da alvenaria. Em função da escassez de petróleo nas décadas de 1950 a 1970, utilizou-se asfalto velho para produção de novas camadas de pavimento. Em 1989, com a derrubada do muro de Berlim, os restos do muro foram, e ainda são, vendidos como *souvenir*.

É claro observar que, naquela época, o aproveitamento de resíduos não possuía viés ambiental. Atualmente o que se observa é uma sociedade que, embora mais consciente com relação a alguns aspectos de consumo, continua a compelir o indivíduo a consumir, fortemente estimulada por grupos econômicos que buscam a continuidade de suas atividades lucrativas. Por outro lado, surgem iniciativas que propõem minimizar a geração dos resíduos, melhorar seu uso e seu transporte, fornecer tratamento adequado, reciclar etc. A crescente demanda por construções sustentáveis, denominadas "verdes", e das novas exigências de consumidores, legisladores e auditores de processos de certificação ambiental, por exemplo, começam a impor uma melhor adequação dos processos das construtoras e empreendedoras nesse sentido.

Sabe-se que a sustentabilidade possui três dimensões: ambiental, social e econômica. Os resíduos de construção e de demolição repercutem nessas três dimensões concomitantemente, quer pelos impactos ao meio ambiente, quer por atividades humanas na cadeia da reciclagem (que não só buscam atenuar mazelas sociais, como também geram emprego e renda – macro e microeconomias).

Exercícios

1 Pesquise sobre a Primeira e a Segunda Leis da Termodinâmica e as correlacione com a geração de resíduos sólidos.
2 Vá até uma cooperativa que realize a triagem de materiais recicláveis. Busque se informar qual o perfil dos trabalhadores deste local e observar que tipos de material não podem ser aproveitados, isto é, são considerados rejeitos.

1.3 O conceito de resíduo da construção civil

A construção civil é uma grande geradora de resíduos. O gerenciamento dos resíduos da construção civil tem por intuito assegurar a correta gestão dos resíduos durante as atividades cotidianas de execução das obras e dos serviços de engenharia. Ele se fundamenta essencialmente nas estratégias de não geração, minimização, reutilização, reciclagem e descarte adequado dos resíduos sólidos, primando pelas estratégias de redução da geração de resíduos na fonte, como ilustra a Fig. 1.1.

Esse assunto vem ganhando importância e destaque no cenário nacional, especialmente pela aprovação da Política Nacional de Resíduos Sólidos (PNRS), em 2010, que regulamentou o setor, impondo diversas obrigações aos governantes e às corporações, buscando sempre a qualidade produtiva, da segurança e ambiental em todas as obras. As discussões sobre o tema ganharam ainda maior repercussão quando da publicação da Lei nº 14.026/2020, que estabeleceu o novo marco regulatório sobre o saneamento.

Assim, o gerenciamento de resíduos deve atuar como um conjunto de ações operacionais que buscam minimizar a geração de resíduos em um empreendimento ou atividade. Usualmente estruturado por meio de um programa ou plano, costuma abranger conteúdos relacionados a seu planejamento, delimitação e delegação de responsabilidades, práticas, procedimentos e recursos (materiais humanos, financeiros, temporais etc.), atividades de capacitação e treinamento, diagnóstico e/ou prognóstico de resíduos.

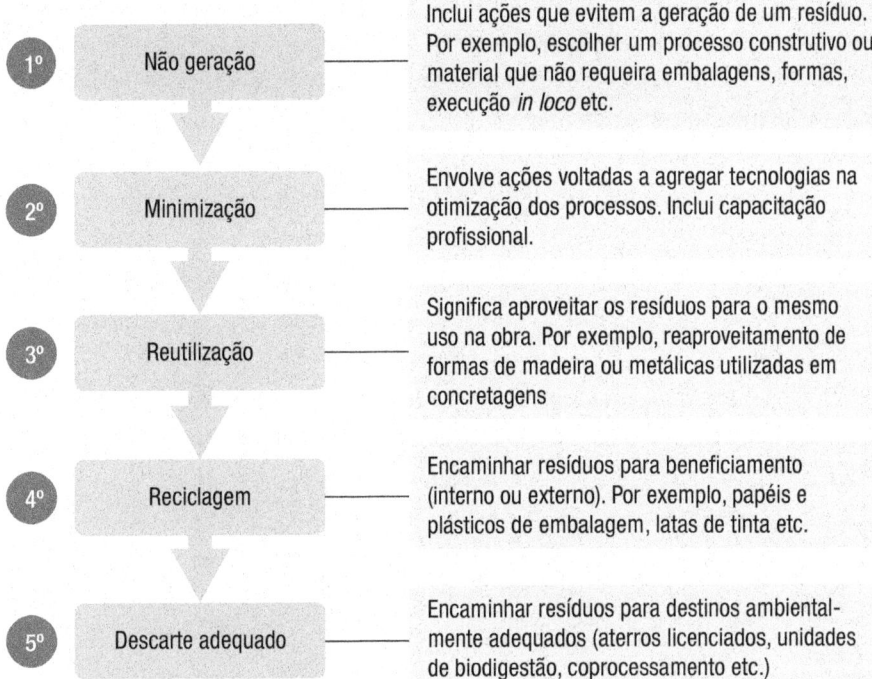

Fig. 1.1 *Hierarquia do sistema de gerenciamento de resíduos*

Embora nem todo resíduo de construção e de demolição possa ser entendido como um resíduo sólido (tais como esgotos sanitários domésticos, efluentes líquidos e gasosos etc.), é comum estabelecer práticas análogas às adotadas no gerenciamento dos resíduos sólidos nesses casos. Isso se deve principalmente ao fato de que o gerenciamento de resíduos sólidos, especialmente na indústria, acha-se em grande desenvolvimento devido ao tempo que se encontra disponível.

Assim, a norma NBR 10004 (ABNT, 2004a) define **resíduo sólido** como qualquer forma de matéria ou substância (no estado sólido ou semissólido, que resulte de atividades industriais, domésticas, hospitalares, comerciais, agrícolas, de serviços, de varrição e de outras atividades da comunidade) capaz de causar poluição ou contaminação ambiental.

A gestão dos resíduos da construção civil teve suas diretrizes, critérios e procedimentos principais estabelecidos pela Resolução Conama nº 307 (Conama, 2002). Essa resolução define **resíduos da construção civil** como os provenientes de construções, reformas, reparos e demolições de obras de construção civil, e os resultantes da preparação e da escavação de terrenos, tais como: tijolos, blocos cerâmicos, concreto em geral, solos, rochas, metais, resinas, colas, tintas, madeiras e compensados, forros, argamassas, gessos, telhas, pavimentos asfálticos, vidros, plásticos, tubulações, fiações elétrica etc., comumente chamados de entulhos de obras, caliça ou metralha. Estão também incluídos como resíduos da construção os resultantes da preparação e da escavação de terreno, solos, concretos em geral, rochas, pavimento asfálticos, tubulações e todos os entulhos de obra.

Por outro lado, a norma NBR 15112 (ABNT, 2004e) define como **resíduos volumosos** aqueles resíduos constituídos basicamente por material volumoso não removido pela coleta pública municipal, como móveis e equipamentos domésticos inutilizados, grandes embalagens e peças de madeira, podas e outros itens não provenientes de processos industriais.

Os resíduos de demolição requerem tratamento especial já que seus geradores usualmente não possuem qualquer influência sobre o processo de associação que acontece entre os resíduos. Uma vez misturados, os resíduos de demolição tornam-se de difícil separação. Outro agravante é que os materiais de demolição são compostos por materiais "obsoletos", ou seja, originados em processos construtivos que não contemplavam o viés do gerenciamento contemporâneo. Assim, o gerenciamento dos resíduos associados ganha mais importância na medida em que os serviços de desconstrução precisam contemplar ações de segregação de resíduos na fonte.

Outro ponto que costuma suscitar dúvida é o conceito de lixo. A maioria dos dicionários da língua portuguesa reporta àquilo que não se deseja mais, sem utilidade, que se quer descartar.

Na área da gestão de resíduos, entende-se por **lixo** os restos das atividades considerados pelos geradores como inúteis, indesejáveis ou descartáveis, e que se apresentam, geralmente, em estado sólido, semissólido ou semilíquido (Curitiba, 2006).

Por **lixo domiciliar** entende-se aquele originado da vida diária das unidades familiares, constituídos por cascas de frutas, verduras, produtos deteriorados, restos de alimentos, jornais, revistas, embalagens em geral, papel higiênico, fraldas descartáveis, entre outros (Curitiba, 2006).

Já o **lixo comercial** é entendido como aquele originado dos diversos estabelecimentos comerciais e de prestação de serviços. E o lixo público é aquele oriundo de limpeza de vias públicas (Curitiba, 2006). Existem também os resíduos ambulatoriais e os resíduos de serviços de saúde, estabelecidos e classificados segundo a Resolução Conama nº 358 (Conama, 2005), gerados no atendimento emergencial a acidentes de trabalho.

Outro conceito que costuma ensejar problemas no gerenciamento de resíduos é o conceito de caliça, também entendido por entulho ou metralha. Trata-se de resíduos da construção civil, de demolições ou restos de obras que, via de regra, em função da ausência de cuidados com o gerenciamento de resíduos, costuma ser um conglomerado – heterogêneo – de materiais.

Embora seja difundido que a caliça seja passível de reaproveitamento, por causa de sua heterogeneidade composicional, nem sempre é o que ocorre, porque em meio à caliça podem estar presentes materiais indesejáveis, tais como metais, plásticos, contaminantes etc., os quais, durante determinados tipos de beneficiamento (cominuição sem segregação prévia, por exemplo), podem acarretar problemas ou acidentes nos equipamentos mecânicos ou em materiais secundários de baixa qualidade. Assim, sempre que possível, é desejável que os resíduos que compõem a caliça sejam segregados e classificados ainda na fonte.

Do ponto de vista documental, a adoção do termo caliça em documentos do gerenciamento costuma gerar problemas. Por exemplo: se um motorista de caminhão coletor de resíduos caracteriza sua carga como caliça, como saber o que transporta efetivamente o veículo? Materiais cerâmicos misturados a restos de concreto? Solo misturado com madeira? Lixo em meio a gesso? É importante, portanto, ressaltar a necessidade de capacitação e treinamento dos funcionários envolvidos no processo a fim de padronizar as nomenclaturas associadas ao processo de gerenciamento, especialmente motoristas, apontadores, operadores de balança e almoxarifes devem estar aptos a "destrinchar" o conceito de caliça no sentido de melhor discriminar os resíduos.

Os materiais de construção são classificados em matéria-prima primária ou matéria-prima secundária. Matérias-primas primárias são os materiais naturais, "virgens", de origem mineral ou vegetal, que necessitam ser processados antes de sua utilização. Eles são, em geral, homogêneos (na medida em que não estão contaminados com outros materiais), e, como exemplos, têm-se a pedra britada, a areia, a argila e os derivados de petróleo no concreto asfáltico. Já as matérias-primas secundárias são aquelas que foram recuperadas ou que podem ser reutilizadas. Esses materiais necessitam ser coletados, separados, classificados, preparados ou tratados antes de seu uso. Raramente são uniformes.

O critério para estabelecer se um material é matéria-prima ou resíduo deve estar atrelado ao uso que se pretende deste material. Assim, o que é resíduo em um setor ou processo produtivo pode ser matéria-prima em outro. Fazer esse discernimento é muito importante quando se trata do transporte dos resíduos e de sua relação com os aspectos legais.

Veja um exemplo: uma das filiais de uma construtora está executando uma obra em determinado Estado e, como consequência, há geração de resíduos (pneus de trator usados). Supondo que haja uma lei federal que proíba o transporte interestadual de resíduos, seria permitido a essa empresa promover uma gestão centralizada de seus resíduos, isto é, transportar tais pneus à matriz, situada em outro Estado? É, portanto, crucial na resolução deste caso classificá-los ou não como resíduos. Se a construtora considerar tais pneus como matérias-primas para outro processo (de recapagem, reaproveitamento, reciclagem etc.), seria necessário viabilizar documentação específica? Estas e tantas outras questões, sujeitas a diversas interpretações, podem suscitar dúvida tanto a quem promove o gerenciamento dos resíduos quanto a seus órgãos de fiscalização. Embora pareça exceção, há diversas situações em que a conceituação do resíduo pode levar a diferentes fundamentações legais.

Considerando a demanda ambiental do constante reaproveitamento dos resíduos gerados, é preciso utilizar estratégias de reutilização (reaplicação de um resíduo sem transformação), reciclagem (processo de reaproveitamento de um resíduo), beneficiamento (ato de submeter um resíduo a operações e/ou processos que tenham por objetivo dotá-los de condições que permitam sua utilização como matéria-prima ou produto) ou, quando necessário, definição de seu destino. Assim, entende-se por **aterro de resíduos da construção civil** a área onde serão empregadas técnicas de disposição no solo de resíduos da construção civil Classe "A" (sistema de classificação apresentado adiante), visando seu reaproveitamento ou ainda futura utilização da área, valendo-se da tecnologia para confiná-los ao menor volume possível, sem causar danos à saúde pública ou ao meio ambiente.

Por todos esses itens, é possível verificar, portanto, que, por se tratar de uma ciência relativamente nova, há dissonâncias quanto aos conceitos utilizados, e a mão de obra não é especializada e/ou treinada, criando, assim, uma barreira ao processo de melhor gerenciamento de resíduos da construção.

Exercícios
3 Explique, com suas palavras, o conceito de resíduos da construção civil.
4 Resíduo sólido e lixo são conceitos equivalentes? Explique.

Legislações e normatizações

2.1 Os aspectos legais

A cultura empresarial brasileira que tem como objetivo desenvolver e/ou limitar as atividades empresariais jurídicas no setor da construção civil revela que, quanto mais efetivas forem as fiscalizações, maior é a probabilidade de se cumprir os preceitos ambientais legais. Para isso, é preciso detalhar cada vez mais os instrumentos legais e normativos.

Posto o caráter dinâmico da formulação de novas leis pelo poder público, este capítulo mostra um panorama sobre as regras que disciplinam os resíduos sólidos de construção e de demolição e quais suas tendências. Lembrando que cada profissional deve se atualizar quanto aos requisitos legais aplicáveis a seus empreendimentos, de modo a respeitá-los.

Diversos são os aspectos da Constituição Federal brasileira que tangenciam o gerenciamento dos resíduos da construção. Pelo fato de o gerenciamento desses resíduos ter como berço a crescente demanda por soluções técnicas ambientalmente amigáveis, destaca-se o Art. 225 (Cap. VI – do Meio Ambiente), que dispõe:

> Todos têm direito ao meio ambiente ecologicamente equilibrado, bem de uso comum do povo e essencial à sadia qualidade de vida, impondo-se ao poder público e à coletividade o dever de defendê-lo e preservá-lo para as presentes e futuras gerações. [...] As condutas e atividades consideradas lesivas ao meio ambiente sujeitarão os infratores, pessoas físicas ou jurídicas, a sanções penais e administrativas, independentemente da obrigação de reparar os danos causados (Brasil, 1988).

Observa-se que, embora uma consciência ambiental coletiva maior só tenha sido observada de maneira mais expressiva a partir da década de 1990, com a Conferência das Nações Unidas Sobre o Meio Ambiente e o Desenvolvimento (CNUMAD, mais conhecida como Eco-92), realizada no Rio de Janeiro, já estava incutida na Constituição Federal parte dos preceitos de desenvolvimento sustentável, demonstrada na preocupação com as futuras gerações e reconhecendo sua influência. Todavia, a Carta Magna revelou-se insuficiente no que se refere à gestão, proteção e fiscalização do meio ambiente no Brasil.

É verdade, portanto, que a coerção prevista para os atos lesivos ao meio ambiente só se revelou efetiva a partir da promulgação da Lei Federal n° 9.605 (Brasil, 1998), conhecida como "Lei de Crimes Ambientais", e do Decreto Federal n° 6.514 (Brasil, 2008), em que foram previstas as sanções aos criminosos "ambientais". O Brasil passou, então, a contar com um instrumento capaz de imputar aos degradadores da natureza as devidas sanções. Matar um pássaro, cortar uma árvore, aterrar ou bloquear um curso d'água começou a dispor de penas objetivas.

Em um crescente processo de planejamento, regulação e organização, o Brasil criou nas últimas décadas diversas diretrizes, agrupadas sob a forma de "políticas", com força de lei. Em 1981 foi criada a Política Nacional de Meio Ambiente (PNMA – Lei Federal n° 6.938 – Brasil, 1981), que iniciou o incentivo ao zelo ambiental, criando toda a estrutura administrativa respectiva, ou seja, os órgãos que compõem o Sistema Nacional do Meio Ambiente (Sisnama). O Sisnama, com os reflexos das alterações posteriores (por exemplo, a Lei Federal n° 8.028 – Brasil, 1990), passou a ser composto pelos seguintes órgãos:

- **Conselho de Governo:** órgão superior, sob cuja responsabilidade está assessorar tecnicamente a presidência da República na elaboração da Política Nacional do Meio Ambiente e suas diretrizes.
- **Ministério do Meio Ambiente (MMA):** órgão central; possui a função de planejar, coordenar, controlar e supervisionar a Política Nacional do Meio Ambiente, bem como suas diretrizes, com a missão de congregar os vários órgãos e entidades que compõem o Sisnama.
- **Conselho Nacional do Meio Ambiente (Conama):** órgão consultivo e deliberativo, cuja função é estabelecer normas e limites e/ou padrões federais de poluição ambiental, que deverão ser observados pelos Estados e Municípios, visando resguardar a salubridade ambiental. Assim, Estados e Municípios somente podem estabelecer outros padrões ou limites à poluição desde que de maneira restritiva, de modo a não se oporem à legislação federal.
- **Instituto Brasileiro de Meio Ambiente e dos Recursos Naturais Renováveis (Ibama):** possui a função de coordenar, fiscalizar, controlar, fomentar, execu-

tar e fazer executar a PNMA e a preservação e conservação dos recursos naturais. O Ibama foi criado pela Lei Federal n° 7.735 (Brasil, 1989a), com a missão de executar toda a política ambiental brasileira e promover a gestão das Unidades de Conservação (UCs). Em 2007, porém, os setores do Ibama responsáveis pela gestão das UCs foram desmembrados (Lei Federal n° 11.516 – Brasil, 2007b), dando origem a uma nova autarquia, o Instituto Chico Mendes de Conservação da Biodiversidade (ICMBio).

- **Instituto Chico Mendes de Conservação da Biodiversidade (ICMBio):** responsável pela gestão das UCs federais, tais como parques nacionais, estações ecológicas, áreas de proteção ambiental, entre outras; atua também na fiscalização e licenciamento dentro desses territórios.
- **Órgãos seccionais:** órgãos ou entidades estaduais responsáveis pela execução de programas, projetos e pelo controle e fiscalização de atividades capazes de provocar a degradação ambiental (Lei Federal n° 7.804 – Brasil, 1989b). Alguns exemplos de órgãos seccionais: Instituto Ambiental do Paraná (IAP), Fundação do Meio Ambiente de Santa Catarina (Fatma), Companhia Ambiental do Estado de São Paulo (Cetesb) etc.
- **Órgãos locais:** órgãos ou entidades municipais responsáveis pelo controle e fiscalização dessas atividades nas suas respectivas jurisdições (Lei Federal n° 7.804 – Brasil, 1989b).

Além da Política Nacional do Meio Ambiente, iniciada em 1981, surgiram diversas outras políticas similares: a Política Nacional de Recursos Hídricos (Lei Federal n° 9.433 – Brasil, 1997); a Política Nacional de Educação Ambiental (Lei Federal n° 9.795 – Brasil, 1999); a Política Nacional do Saneamento Básico (Lei Federal n° 11.445 – Brasil, 2007a) e a Política Nacional de Resíduos Sólidos (Lei Federal n° 12.305 – Brasil, 2010), que se relacionam intimamente com a questão dos resíduos de construção e demolição.

É importante conhecer o conteúdo destas Leis Federais, na medida em que interferem diretamente sobre a gestão dos resíduos de construção e demolição. Por meio de ações, diretrizes, normas e outros instrumentos dessas políticas públicas é que são definidas diversas limitações à atuação do gestor e do gerente de resíduos. Por exemplo, o novo código florestal (Lei Federal n° 12.651 – Brasil, 2012a) alterou a forma de utilização e ocupação do solo ao disciplinar, de maneira diferente, questões que envolvem Áreas de Preservação Permanente (APPs), matas ciliares, nascentes etc., que por sua vez repercutem diretamente na possibilidade de se empregar os resíduos da construção como material para aterros (bota-fora).

Ou ainda o aproveitamento ou o encaminhamento de certos tipos de resíduos da construção para aterros sanitários, como disciplinado pelas Políticas Nacionais de Resíduos Sólidos ou de Saneamento Básico.

Ressalta-se que o gestor ou o gerente de resíduos deve estar atento às novas demandas impostas pela dinâmica da legislação, com novos requisitos e restrições, não somente na esfera federal, como também na estadual ou municipal. Importante agente na definição de requisitos é o Conama, cujas incumbências também são definir normas e limites relacionados à questão da poluição do meio ambiente.

Entre as resoluções do Conama que cercam a questão dos resíduos da construção e de demolição, a primeira dedicada ao assunto e, por isso, talvez a mais importante, seja a Resolução Conama nº 307 (Conama, 2002). Essa resolução estabeleceu diretrizes, critérios e procedimentos para a gestão dos resíduos da construção civil. É nela que se encontram:

- a definição de conceitos como resíduos de construção civil, gerador, transportador, beneficiamento, reciclagem, área de transbordo etc.;
- a classificação dos resíduos da construção em quatro classes;
- a definição das diretrizes de gerenciamento, com estruturação da hierarquia de minimização de resíduos, privilegiando ações na fonte da geração dos resíduos;
- a apresentação da importância social e ambiental de bem gerir os resíduos;
- a definição de responsabilidades de cada um dos agentes do processo;
- a previsão da elaboração de Planos Integrados de Gerenciamento de Resíduos da Construção pelos municípios (posteriormente denominado Plano Municipal de Gestão de Resíduos da Construção Civil);
- a previsão da elaboração de Projetos de Gerenciamento de Resíduos da Construção Civil pelos grandes geradores (posteriormente denominados Planos de Gerenciamento de Resíduos da Construção Civil).

A Resolução Conama nº 307 foi posteriormente complementada e alterada pela Resolução Conama nº 448 (Conama, 2012) – que trouxe a nova nomenclatura para os entes do sistema de gestão de resíduos da construção –, pela Resolução Conama nº 431 (Conama, 2011) – que alterou o Art. 3º da referida resolução, estabelecendo nova classificação para os resíduos de gesso – e pela Resolução Conama nº 348 (Conama, 2004) – que incluiu os resíduos de amianto na categoria de resíduos perigosos. Mais recentemente, a Resolução Conama nº 469 (Conama, 2015) introduziu no rol de resíduos recicláveis as embalagens vazias de tintas imobiliárias.

Outras resoluções do Conama, embora não tratem especificamente de resíduos de construção, têm reflexo direto sobre o seu sistema de gerenciamento. Por exemplo, a Resolução Conama nº 275 (Conama, 2001a) estabelece o código de cores para os diferentes tipos de resíduos, a ser adotado na identificação de coletores e transportadores, bem como nas campanhas informativas sobre a coleta seletiva (educação ambiental).

A Resolução Conama nº 358 (Conama, 2005), que dispõe sobre o tratamento e a destinação de resíduos dos serviços de saúde, é especialmente importante para obras de médio e grande porte, uma vez que elas geralmente contam com ambulatórios. Pelo fato de os resíduos relacionados aos serviços de saúde (hospitais, clínicas, ambulatórios etc.) possuírem características próprias de periculosidade (riscos biológicos, agentes patogênicos, instrumentos perfurocortantes etc.), eles devem ser manipulados, acondicionados e destinados por meio de cuidados específicos, junto a empresas especializadas. Isso quer dizer que, mesmo os curativos e medicamentos do cotidiano da obra precisam ser inseridos no processo de gestão dos resíduos.

É comum acontecer certo engano quando há sobreposição/sombreamento de sistemas ou modos de classificação de resíduos. Pode-se adotar a seguinte regra geral: na ausência de norma específica que discipline a classificação no setor, valem as regras gerais. Por exemplo: resíduos gerados no ambulatório da obra seguirão as diretrizes estabelecidas pelas normas existentes relativas aos serviços de saúde. Ou então: solos removidos de escavações de subsolos, se não contaminados, serão classificados prioritariamente segundo os termos da Resolução Conama nº 307.

É especialmente importante a clareza dessa questão quando se busca aplicar a classificação apresentada pela norma técnica NBR 10004 (ABNT, 2004a), que estabelece um sistema de classificação de resíduos sólidos (classes I: perigosos; IIA: não inertes; IIB: inertes). Embora classificar segundo uma norma não seja impeditivo à classificação segundo outra, a adoção de critérios conceitualmente diferentes pode possibilitar confusões e dificultar a tomada de decisões.

Torna-se, portanto, necessário avaliar em que contexto e qual função cada um desses sistemas de classificação foi criado/estabelecido. No caso da norma NBR 10004 (ABNT, 2004a), ela deve ser aplicada com o suporte das normas: NBR 10005 (ABNT, 2004b) – que apresenta o procedimento para obtenção de extrato lixiviado de resíduos sólido –, NBR 10006 (ABNT, 2004c) – que traz o procedimento para obtenção de extrato solubilizado de resíduos sólidos – e NBR 10007 (ABNT, 2004d) – que trata da amostragem de resíduos sólidos.

Importante iniciativa do Ibama foi a definição de uma lista brasileira de resíduos sólidos, estabelecida pela Instrução Normativa nº 13 (Ibama, 2012), com o objetivo de padronizar e facilitar a promoção do inventário nacional de resíduos sólidos, que compõe o Sistema Nacional de Gerenciamento de Resíduos Sólidos. Tal normativa passou a ser fundamental na classificação dos resíduos sólidos junto à plataforma do Governo Federal MTR-SINIR, que passou a vigorar como obrigatória desde janeiro de 2021.

Diversos Estados e Municípios atuam no sentido de detalhar e complementar esses instrumentos. No Paraná, a Lei Estadual nº 12.493 (Paraná, 1999) estabelece princípios, procedimentos, normas e critérios referentes à geração, coleta, destinação e ao acondicionamento, armazenamento, transporte e tratamento dos resíduos sólidos, visando ao controle da poluição, da contaminação e da minimização de seus impactos ambientais. O Estado buscou disciplinar, por meio da Lei Estadual nº 17.321 (Paraná, 2012), a questão dos resíduos da construção e de demolição ao estabelecer que a emissão do certificado de conclusão de obra seja condicionada à comprovação da destinação adequada dos resíduos.

Por se tratar de uma preocupação recente, a questão dos resíduos da construção e de demolição vem aos poucos e de maneira crescente sendo regulada em vários municípios brasileiros. Entre as capitais, são exemplos de municípios que já disciplinaram a matéria: Belo Horizonte, Campo Grande, Cuiabá, Curitiba, Natal, Porto Alegre, Recife, Rio de Janeiro, São Luís e São Paulo. Somente no Estado de São Paulo: Americana, Araraquara, Brotas, Campinas, Diadema, Guarulhos, Ribeirão Preto, Santos, São Carlos, São José dos Campos e Tremembé. No Estado do Paraná: Cascavel, Ibiporã, Londrina, Pato Branco e Ponta Grossa. Em Santa Catarina, Joinville. E em Minas Gerais, Montes Claros.

A dinâmica de promulgação de novos dispositivos legais, com modernas exigências e detalhamentos a cada dia, infelizmente impede o esgotamento da questão. Assim, a título de exemplificá-la, cita-se o município de Curitiba, que tem se mostrado atuante com relação à questão dos resíduos da construção civil e, além de legislar sobre o tema, exige de construtores e incorporadores o cumprimento desses procedimentos por meio dos seguintes instrumentos:

- **Lei Municipal nº 7.972 (Curitiba, 1992):** dispõe sobre o Transporte de Resíduos e dá outras providências.
- **Decreto Municipal nº 1.120 (Curitiba, 1997):** regulamenta o Transporte e a Disposição de Resíduos de Construção Civil e dá outras providências.

- **Decreto Municipal nº 1.068 (Curitiba, 2004b):** regulamenta o Plano Integrado de Gerenciamento de Resíduos da Construção Civil do Município e altera disposições do Decreto Municipal nº 1.120.
- **Decreto Municipal nº 983 (Curitiba, 2004a):** dispõe sobre a coleta, o transporte, o tratamento e a disposição final de resíduos sólidos no Município.
- **Decreto Municipal nº 852 (Curitiba, 2007):** dispõe sobre a obrigatoriedade de utilização de agregados reciclados – oriundos de resíduos da construção civil classe A – em obras e serviços de pavimentação das vias públicas no município de Curitiba.
- **Portaria Municipal nº 007 (Curitiba, 2008a):** institui o Relatório de Gerenciamento de Resíduos da Construção Civil.
- **Decreto Municipal nº 609 (Curitiba, 2008b):** regulamenta o modelo do Manifesto de Transporte de Resíduos.
- Termo de Referência para elaboração do Projeto de Gerenciamento de Resíduos da Construção Civil (PGRCC) (Curitiba, 2006).

Observa-se que os esforços dos idealizadores do sistema de gestão brasileiro de resíduos de construção e demolição passam a ecoar nos municípios após uma década de depuração de seus conceitos. Nota-se que não só grandes municípios buscam disciplinar essa questão. Por outro lado, outros municípios igualmente importantes ao sistema de gestão omitem-se de suas responsabilidades, pondo a discussão – quando há – dos resíduos da construção em segundo plano.

É certo que a regulamentação dos sistemas de gestão de resíduos é insuficiente para resolver as implicações ambientais, econômicas e sociais associados a ela. Há investidores, incorporadores, órgãos fiscalizadores, organizações protetoras do meio ambiente, construtores e recicladores interessados e dependentes das minúcias de cada sistema de gestão municipal. Nesse aspecto, cada câmara municipal deve estar atenta para adequar sua legislação às demandas sociais, econômicas e ambientais de cada região.

A plataforma do governo federal MTR-SINIR, vigente desde o início de 2021, pode servir como instrumento para alavancar o processo. Na medida em que uniformiza os documentos utilizados (manifestos de transporte de resíduos, certificados de destinação final, declarações de movimentação de resíduos) e a nomenclatura associada, tende a atuar como facilitador do processo de controle e fiscalização da gestão dos resíduos de construção e demolição (RCDs). Pode ainda servir como instrumento de planejamento, visto que fornece aos gestores públicos dados sobre a geração de RCDs e fluxo (origem-destino).

2.2 Os aspectos normativos

Por possuírem caráter estritamente técnico e serem criadas por especialistas, as normas da Associação Brasileira de Normas Técnicas (ABNT) contribuem muito para a atuação do engenheiro/gestor. Com expressiva valia na área dos resíduos de construção e de demolição, sem pretensão de esgotar o assunto, apresentam-se abaixo algumas das principais normas vigentes, destacando-se as relações entre os instrumentos normativos e as operações gerenciais dos RCDs.

2.2.1 NBR 11174: Armazenamento de resíduos classes II (não inertes) e III (inertes)

A norma NBR 11174 (ABNT, 1990), ainda vigente, precisa ser interpretada com zelo, porque a norma NBR 10004 (ABNT, 2004a) modificou a nomenclatura da classificação de resíduos sólidos: na versão de 1996 era I (perigosos), II (não inertes) e III (inertes) e, a partir de 2004, passou a ser I (perigosos), IIA (não inertes) e IIB (inertes). Resguardando esse cuidado, é possível a aplicação da referida norma, com atenção para o fato de que ela só se aplica a resíduos não perigosos, ou seja, classes IIA e IIB.

A NBR 11174 (ABNT, 1990) se ocupa de diversas recomendações técnicas que precisam ser observadas para plena proteção ao meio ambiente e bom funcionamento da unidade de armazenamento de resíduos. Os principais cuidados dispostos na norma são apresentados na Fig. 2.1.

Nota-se especial atenção à questão do isolamento dos resíduos, neste caso, os não perigosos. A necessidade de tal isolamento é atribuída a questões de saúde e segurança dos trabalhadores, extravio de resíduos, manipulação por pessoas não autorizadas, que podem, por exemplo, suscitar na destinação incorreta dos resíduos. O isolamento dos resíduos é promovido pelo uso de recipientes adequados, pisos impermeáveis, telas e cercas de proteção, sistemas de controle contra vazamentos, cobertura e boa ventilação das áreas de armazenamento, entre outras atividades correlatas.

Outro ponto bastante enfatizado nessa norma é a necessidade do controle efetivo de entradas e saídas de resíduos na área de armazenamento. A norma propõe que tal controle seja efetivado por meio de fichas de controle, onde constem: informações sobre os resíduos (tipo, quantidade, classificação, origem, volume, incompatibilidade com outros materiais etc.), sobre os devidos encaminhamentos (destinação, identificação de empresas coletoras, transportadoras e destinatárias) e outras informações de registro (nome do responsável pelo preen-

Fig. 2.1 *Orientações técnicas da NBR 11174 (ABNT, 1990) para o armazenamento de resíduos não perigosos*

chimento da ficha, nome do responsável pelo resíduo, data, número da ficha de controle etc.). Como Controles de Transporte de Resíduos (CTRs), é desejável que essas fichas apresentem também números sequenciais.

Nem sempre se observa a aplicação das diretrizes da norma NBR 11174 (ABNT, 1990) nos canteiros de obras brasileiros, sendo mais comum na área industrial, em razão do caráter temporário dos canteiros de serviço da construção civil. Com o advento das novas demandas legais vinculadas ao gerenciamento de resíduos, é natural que também a construção civil passe a se adaptar a suas diretrizes.

2.2.2 NBR 12235: Armazenamento de resíduos sólidos perigosos

Com as novas demandas legais, o armazenamento de resíduos sólidos perigosos em obras é cada vez mais necessário. A área que abriga os resíduos perigosos deve estar tecnicamente adequada, sob pena de pôr em risco o meio ambiente e o trabalhador. Afinal, os riscos ambientais e laborais associados às características que conferem a um resíduo periculosidade (toxicidade, ecotoxicidade, inflamabilidade, patogenia etc.) são muitos.

A norma NBR 12235 (ABNT, 1992) define como armazenamento de resíduos sua contenção temporária em área autorizada pelo órgão de controle ambiental, à espera de reciclagem, recuperação, tratamento ou disposição final adequada, desde que atenda às condições básicas de segurança. Assim, a norma prevê que o armazenamento deve acontecer de modo a não alterar a quantidade ou a qualidade do resíduo, sugerindo que o acondicionamento aconteça em contêineres, tambores, tanques ou a granel.

Para a norma NBR 12235 (ABNT, 1992), contêiner de resíduos é qualquer recipiente portátil no qual o resíduo possa ser transportado, armazenado, tratado ou, de outro modo, manuseado; tambor é um recipiente portátil, cilíndrico, feito de chapa metálica ou material plástico, com capacidade máxima de 250 L; tanques são construções destinada ao armazenamento de líquidos, com capacidade superior a 250 L (podem ser vertical, horizontal, atmosférico, de baixa pressão, de superfície, enterrado, encerado, interno e/ou elevado).

Além de as condições de acondicionamento do resíduo serem adequadas, é desejável que as condições protetivas e de entorno também o sejam. Por isso essa norma estabelece critérios como isolamento da área, utilização de pisos impermeáveis, isolamento de outros sistemas de fluxo, adoção de bacias de contenção, iluminação etc., cuja aplicação dependerá das condições locais e tipo de resíduo. A **bacia de contenção** de resíduos é definida por essa norma como a região limitada por uma depressão no terreno ou por um ou mais diques destinada a conter os resíduos provenientes de eventuais vazamentos de tanques e suas tubulações. Nesse contexto, a norma define que **diques** são maciços de terra, paredes de concreto ou outro material adequado que formam uma bacia de contenção.

Outro ponto que deve ser observado no armazenamento de resíduos perigosos é a questão da compatibilidade entre materiais, especialmente no que concerne aos resíduos altamente reativos. Situações de incompatibilidade podem levar à produção de gases tóxicos, inflamáveis ou indesejáveis e acarretar contaminações, geração de subprodutos químicos cancerígenos etc. Nesse sentido devem ser estabelecidas práticas e rotinas operacionais, emergenciais e contingenciais no armazenamento de resíduos, além de capacitação e treinamento dos funcionários envolvidos.

2.2.3 NBR 15112: Resíduos da construção civil e resíduos volumosos – Áreas de Transbordo e Triagem – Diretrizes para projeto, implantação e operação

A norma NBR 15112 (ABNT, 2004e) estabelece os requisitos para projetos, implantação e operação de áreas de transbordo e triagem de resíduos da construção civil e de resíduos volumosos. As **Áreas de Transbordo e Triagem** (ATTs) são aquelas destinadas ao recebimento dos RCDs e resíduos volumosos (RVs) que se prestam à triagem, armazenamento temporário dos materiais segregados, eventual transformação (beneficiamento) e posterior remoção para destinação adequada, ou seja, sem causar danos à saúde pública e ao meio ambiente. Essa norma define ainda como ponto de entrega de pequenos volumes as áreas de transbordo e triagem de pequeno porte, destinada à entrega voluntária de pequenas quantidades de RCDs e RVs, como parte do sistema público de limpeza urbana.

Nota-se que a norma regula as questões estruturantes que balizam o processo de gestão de resíduos. Assim, cada município precisa se adaptar localmente aos preceitos da norma, de modo que determinados tipos de estruturas como, por exemplo, as ATTs podem não se fazer presentes em alguma gestão municipal. Esse evento pode se dar, por exemplo, em razão do porte do município (seu tamanho, número de habitantes, PIB).

Depreende-se também que cada município precisa estabelecer/regulamentar o que seria "pequeno volume" e "pequeno porte" em razão da estrutura disponível, grau de conscientização da população, logística de coleta etc. Em Curitiba, por exemplo, tal limite se estabelece na condição de geração de resíduos inferior a 5 carrinhos de mão ou 2,5 m³ (para obra menor que 70 m²).

A referida norma traz e ratifica a classificação estabelecida pela Resolução Conama nº 307. Há que se considerar que essa resolução foi posteriormente modificada, enquanto que a norma NBR 15112 (ABNT, 2004e) ainda traz a classificação antiga.

No âmbito das ATTs, a norma NBR 15112 (ABNT, 2004e) especifica que elas devem conter portão e cercamento no perímetro da área de operação, construídos de modo a impedir o acesso de pessoas não autorizadas e animais. Impõe ainda que sejam previstos dispositivos para proteção da vizinhança contra a direção predominante de ventos e os aspectos estéticos, recomendando o uso de cercas vivas arbustivas ou arbóreas no perímetro da instalação. Outro quesito normativo é a necessidade de placa de identificação na entrada do empreendimento contendo informações quanto a sua regularidade perante os órgãos competentes.

Para a proteção do meio ambiente, a norma prevê que a ATT disponha de sistema de controle de poeiras e que haja revestimento primário das áreas de acesso, operação e estocagem, permitindo seu uso em quaisquer condições climáticas. O sistema de controle de poeiras precisa ser muito eficiente durante os procedimentos de carga e descarga de resíduos, circulação de máquinas e equipamentos e áreas de armazenamento. É usual que, nessas áreas, as vias de acesso internas não sejam pavimentadas, de modo que se recomenda o monitoramento das condições operacionais para umectação periódica destas vias, quando necessário. Para esta atividade, utiliza-se geralmente caminhões pipa, providos de sistema aspersor/distribuidor. Um ponto destacado pela norma é a necessidade de cobertura dos veículos transportadores (com lonas, por exemplo), o que contribui não só para o combate a poeiras, como também para a redução dos riscos de acidentes de trânsito e poluição decorrentes da queda de materiais nas vias públicas.

Com relação ao controle de ruídos, essa norma demanda a adoção de dispositivos de contenção em veículos e equipamentos. Embora não detalhado, é recomendável a adoção de estratégias de combate preventivo, pela adoção de práticas de manutenção preventiva de veículos e equipamentos. Em paralelo, é desejável o monitoramento periódico de ruídos em veículos, equipamentos e no entorno do empreendimento. Deve-se atentar às diretrizes dos Programas de Qualidade e Monitoramento do Ar, previstos para a região da ATT ou solicitados pelos órgãos ambientais competentes.

No que concerne aos recursos hídricos de superfície, a norma NBR 15112 (ABNT, 2004e) solicita que a ATT seja provida de sistema de drenagem superficial dotada de dispositivos para evitar o carreamento de sólidos. Ao se tratar de áreas afastadas de centros urbanos, é comum que as ATTs usufruam do padrão de drenagem natural e topografia local, disciplinando as águas por meio de leiras, bacias de contenção e murundus, escavados ou construídos em solos e/ou rochas.

Do ponto de vista de segurança do trabalhador e dos lindeiros (aqueles que vivem no entorno), essa norma prevê a necessidade de disponibilização de sistema de iluminação, proteção contra descargas atmosféricas e de combate a incêndio, além de contar com energia elétrica para atuação em situações emergenciais.

O projeto deve, ainda, ser elaborado por técnico legalmente habilitado. As diretrizes básicas para sua implantação devem abranger a caracterização da área, trazendo ao memorial descritivo informações técnicas a respeito da topografia local, padrão de drenagem, geologia, áreas limítrofes, acessos etc.

É comum que os órgãos ambientais e licenciadores exijam projetos e estudos detalhados (Estudo de Impacto Ambiental – EIA, Plano de Controle Ambiental – PCA, laudos geológico-geotécnicos, Estudos de Impacto de Vizinhança etc.) quando da solicitação de implantação de uma ATT. O viés dado pela norma NBR 15112 (ABNT, 2004e) para o projeto da ATT, no entanto, é executivo, de modo que precisam estar previstas as rotinas operacionais, croquis e projetos das áreas de estocagem, rotas e circulação de pessoas e equipamentos, áreas de apoio e administrativas, especificações técnicas de equipamentos, instalações e materiais, procedimentos de segregação, classificação, manejo e descarte de insumos/ resíduos, locais para recebimento dos rejeitos do processo, requisitos técnicos de insumos e produtos, mecanismos de controle e fiscalização do processo, equipamentos de proteção individual e coletiva (que serão utilizados durante a operação da ATT), gestão de documentos etc.

A norma NBR 15112 (ABNT, 2004e) estabelece, no âmbito do controle de resíduos, que o responsável pela operação da ATT esteja atento a questões como procedência, quantidade e qualidade dos resíduos verificando sua compatibilidade com o CTR. Assim, a norma propõe a elaboração de relatórios mensais pelo responsável, em que constem as quantidades mensais e acumuladas de cada tipo de resíduos recebido e/ou triado, com a respectiva comprovação de destino.

De maneira geral, a norma NBR 15112 (ABNT, 2004e) veta que sejam encaminhados às ATTs resíduos que não forem de construção civil ou resíduos volumosos e recomenda que não sejam encaminhadas a essas áreas cargas contendo resíduos predominantemente perigosos. De igual modo, estabelece que os resíduos sejam classificados segundo sua "natureza" e acondicionados em locais diferenciados.

2.2.4 NBR 15114: Resíduos sólidos da construção civil – Áreas de reciclagem – Diretrizes para projeto, implantação e operação

A norma NBR 15114 (ABNT, 2004f) se ocupa dos requisitos para projeto, implantação e operação de áreas de reciclagem de resíduos sólidos da construção civil. Contudo, ressalta-se que tal norma somente se aplica aos resíduos de construção e demolição que podem ser transformados em agregados para aplicação em obras de infraestrutura e edificações e desde que eles já tenham sido previamente triados. É, portanto, restrito à questão da fabricação de agregados o conceito e a utilização do termo área de reciclagem.

Assim como as áreas de transbordo e triagem, é prevista a consideração de requisitos ambientais na escolha do local de implantação da unidade de reciclagem, cabendo licenciamento específico. Entre outros aspectos, a norma prevê a necessidade de isolamento da área por meio de cerca, portão, sinalização adequada e, preferencialmente, cortina vegetal para "proteção visual" a lindeiros.

No âmbito do projeto da área, o memorial descritivo deve abrigar as informações relativas à área de implantação, a descrição das atividades de implantação e operação, os equipamentos utilizados e suas atividades de inspeção e manutenção. Há necessidade também de planejar a questão da proteção do trabalhador, por meio dos respectivos equipamentos de proteção e treinamentos específicos.

Do ponto de vista operacional, a unidade de reciclagem deve prever volumes de estoque adequados, controle quantitativo e qualitativo de entrada de resíduos e de qualidade de produtos (agregados reciclados), além da documentação pertinente (Certificados de Transporte de Resíduos e emissão de certificados de destinação).

2.2.5 NBR 15116: Agregados reciclados para uso em argamassas e concretos de cimento Portland – Requisitos e métodos de ensaios

A norma NBR 15116 (ABNT, 2021) foi recentemente revisada e passou a possibilitar a utilização de agregados reciclados para fins de fabricação de concretos e argamassas com finalidade estrutural. Durante muitos anos, o emprego de agregados reciclados restringiu-se à utilização em concretos para fins não estruturais. Com tal permissão normativa, a tendência é que o setor da construção passe a promover o controle necessário de qualidade e apropriação de tais resíduos nas atividades cotidianas de fabricação de concretos para fins estruturais.

Exercícios

5 Escolha aleatoriamente um município brasileiro e pesquise se há legislação específica referente à questão dos resíduos da construção e de demolição. Busque avaliar tecnicamente esta legislação.

6 Quais os requisitos técnicos estabelecidos pela norma NBR 15116 (ABNT, 2021) para a utilização de agregados reciclados na fabricação de concretos para fins estruturais?

O PROCESSO DE GERENCIAMENTO 3

3.1 Entes ligados ao gerenciamento

Fazem parte do processo de gerenciamento dos resíduos da construção não só as construtoras, que promovem por meio de seus recursos humanos, direta ou indiretamente, a geração e manipulação dos resíduos de uma obra, como também diversos outros entes, igualmente responsáveis pela eficiência do processo. Citam-se abaixo alguns entes e suas funções nesse processo:

- **Geradores:** pessoas, físicas ou jurídicas, públicas ou privadas, responsáveis por atividades ou empreendimentos que gerem os resíduos definidos na Resolução Conama n° 307 (Conama, 2002).
- **Transportadores:** pessoas, físicas ou jurídicas, encarregadas da coleta e do transporte dos resíduos entre as fontes geradoras e as áreas de destinação.
- **Destinatários:** áreas ou empreendimentos destinados ao beneficiamento ou à disposição final de resíduos, inclusive recicladoras e áreas de aterro.
- **Agentes licenciadores e de fiscalização:** órgãos públicos ou entidades responsáveis por verificar o cumprimento dos requisitos técnicos e legais para desenvolvimento das atividades de geradores, transportadores e destinatários.
- **Fornecedores:** pessoas, físicas ou jurídicas, que atuam no fornecimento de produtos ou serviços aos Geradores. São elo importante no processo de logística reversa, especialmente no âmbito das embalagens.
- **Clientes:** pessoas interessadas na aquisição de um bem ou serviço gerador de resíduo de construção ou demolição. Embora menos evidente, também necessita ser atuante para pleno funcionamento do sistema de gestão de resíduos. Sua atuação pode acontecer na escolha de construtores e/ou prestadores de serviços que respeitem a técnica correta. No caso de obras menores (reformas em residências ou escritórios), ao contratar serviços informais, os

clientes passam a atuar, ainda que involuntariamente, como Geradores de resíduos. Assim, precisam atuar na fiscalização dos preceitos preconizados pela legislação, sob pena de serem solidários com práticas inadequadas. Por isso, é sempre recomendável o acompanhamento por profissional habilitado.

- **Consultores:** pessoas, físicas ou jurídicas, encarregadas de orientar os Geradores, Transportadores e/ou Destinatários (também chamados de Destinadores) no cumprimento dos requisitos técnicos e legais a pedido de uma das partes, apontando oportunidades de melhoria e ações corretivas.
- **Auditores:** pessoas, físicas ou jurídicas, encarregadas de verificar, a pedido de uma das partes (interna ou externa), o cumprimento dos requisitos técnicos e legais, de maneira independente, apontando irregularidades.
- **Pesquisadores:** pessoas geralmente vinculadas a universidades ou institutos de pesquisa cujo objetivo é investigar, desenvolver, aprimorar ou compreender processos ou materiais no âmbito dos resíduos de construção e de demolição. Os pesquisadores fornecem subsídios teórico-práticos para que os demais agentes do processo possam atuar de maneira tecnicamente segura.

Nota-se, portanto, a necessidade de um sistema de comunicação eficiente, para que essas partes interajam entre si. Nesse sentido, a documentação e o registro das atividades inerentes ao gerenciamento dos resíduos passam a ser fundamentais. De Castro et al. (2012) propõem que esse fluxo de informações seja facilitado pelo uso da informática, com a sistematização e automatização do processo e registros, tanto quanto possível.

De maneira geral, pode-se classificar os agentes que participam do sistema de gerenciamento de resíduos como principais (núcleo) ou acessórios, conforme o diagrama apresentado na Fig. 3.1.

Note-se que no cerne do sistema de gestão estão as figuras principais, isto é, aquelas com atuação executiva no âmbito dos resíduos (manipulação propriamente dita). Os demais componentes, não menos importantes, atuam de maneira complementar, dando suporte técnico, financeiro e fiscalizando o cumprimento dos requisitos legais e técnicos.

3.2 Diretrizes do gerenciamento

Pode-se dizer que o sistema de gestão de resíduos visa reduzir, reutilizar ou reciclar resíduos, incluindo planejamento, responsabilidades, práticas, proce-

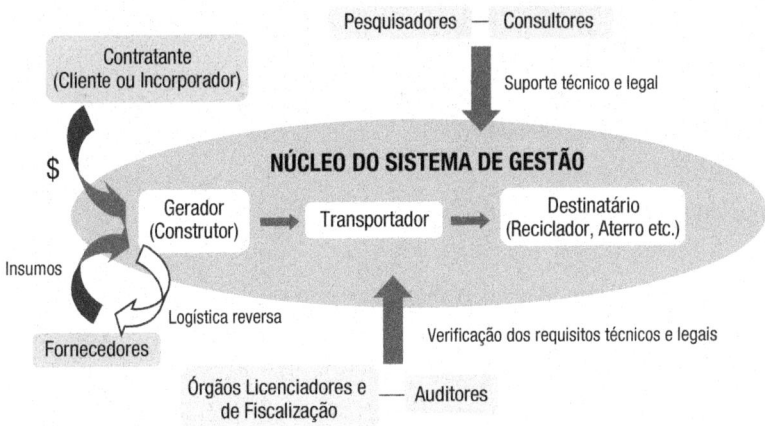

Fig. 3.1 *Relacionamento entre os agentes do sistema de gerenciamento de resíduos*

dimentos e recursos para desenvolver e programar as ações necessárias ao cumprimento das etapas previstas em programas e planos.

Tendo-se em vista que a geração de resíduos de construção e demolição (RCD) é inevitável e a política de "zero resíduo" é irrealizável (Yuan; Shen, 2011), as ações práticas e as pesquisas são direcionadas para sua minimização, sendo esta diretriz de redução da quantidade de resíduos considerada a técnica mais eficiente na literatura sobre o assunto. Além do próprio benefício da redução dos resíduos, soma-se a essa diretriz a questão da redução dos custos relativos a seu gerenciamento, transporte e destino.

Considerando que há geração de resíduos tanto na fase de construção quanto nas fases de operação e desconstrução do empreendimento ou obra, a participação e a possibilidade de atuação dos agentes nesse processo de gerenciamento são tão maiores, quanto mais precoce ele acontece. Isso quer dizer que empreendimentos bem planejados no âmbito dos resíduos de construção optarão por processos construtivos que permitirão uma boa gestão de seus resíduos ao longo da construção, operação e desconstrução do empreendimento. Más escolhas de materiais ou processos produtivos, ainda na fase de concepção do projeto, acarretam problemas crônicos e de difícil solução na área dos resíduos.

Nesse sentido, uma das estratégias de gerenciamento é promover a **prevenção qualitativa**, ou seja, escolher adequadamente materiais duráveis ou de fácil substituição que possibilitem seu reaproveitamento ou reciclagem, inclusive pelo usuário do empreendimento, e que evitem a geração de passivos ambientais. Importante ferramenta neste processo é a Análise de Ciclo de Vida (ACV) de produtos. Neste segmento de mercado sempre surgem inúmeras opções de materiais alternativos, cada um buscando determinada vantagem competitiva.

Outra estratégia de gerenciamento é a **prevenção quantitativa**, isto é, quando se adota processos construtivos mais "limpos", mais industrializados ou pré-fabricados, que, aliados ao treinamento de mão de obra, podem repercutir positivamente na redução das quantidades de resíduos gerados, "enxugando" a produção.

No âmbito da prevenção quantitativa e visando prevenir os impactos ambientais que podem estar associados à geração ou má gestão dos RCDs, Yuan e Shen (2011) propõem a adoção do método hierárquico de gestão de resíduos, disposto na Fig. 3.2. Trata-se de uma abordagem tradicional na área dos resíduos sólidos.

Paralelamente, concorre para a questão o *layout* do canteiro de obras, ou seja, a disposição espacial dos recursos (humanos, materiais etc.), que influencia diretamente no fluxo de matéria e energia e que acaba por repercutir não só na logística de resíduos e materiais, como na organização do canteiro de obras e sua segurança.

Outra estratégia de gerenciamento é definir, incluindo o viés tecnológico e ambiental em longo prazo, quais os destinos mais nobres para os resíduos que serão inevitavelmente gerados. Além disso, firmar parcerias no sentido de garantir que tais destinos sejam economicamente viáveis.

Os inadequados manejo e disposição de resíduos podem acarretar prejuízos ao meio ambiente e à saúde pública. Gerenciar adequadamente os resíduos de processos construtivos poupa recursos naturais e possibilita benefícios econômicos e sociais. Prática comum na área é agrupar as práticas de gerenciamento em um **Programa de Gerenciamento de Resíduos** (PGR), ou seja, um conjunto estruturado de ações com o objetivo de manejar adequadamente os resíduos de uma obra ou organização.

Fig. 3.2 *Hierarquia dos métodos de gestão de RCD*
Fonte: adaptado de Yuan e Shen (2011).

Habitualmente o PGR é estabelecido de maneira consolidada em relatórios técnicos, a saber: o Projeto ou Plano de Gerenciamento de Resíduos da Construção Civil (PGRCC) e o Relatório de Gerenciamento de Resíduos da Construção Civil (RGRCC). O PGRCC é um relatório técnico, desenvolvido antes do começo executivo de um empreendimento, com o objetivo de prever a geração de resíduos e estabelecer práticas adequadas para seu gerenciamento. Já o RGRCC é um relatório, periódico (mensal, bimestral, semestral etc.) ou conclusivo (ao final da obra), que visa consolidar as informações do gerenciamento e, eventualmente, subsidiar a atuação dos agentes fiscalizadores (órgãos ambientais, prefeituras, conselhos regionais, investidores etc.).

Cumpre, portanto, ao PGR diagnosticar, controlar e promover alternativas viáveis para a gestão dos resíduos de construção civil inerentes ao processo construtivo de um empreendimento ou organização. Os procedimentos envolvidos no processo de gerenciamento dos resíduos sólidos abrangem atividades de geração, coleta, transporte, armazenamento e destinação. Assim, quanto menor for a geração de resíduos, mais fácil será geri-los.

Todo PGR deve primar pela não geração de resíduos e, num segundo momento, pela minimização de sua geração. A destinação acontece em última instância. Tão importante quanto determinar e minimizar a quantidade gerada é tipificar ou caracterizar (qualificar) os resíduos gerados. Essa caracterização tem por objetivo identificar materiais/resíduos potencialmente nocivos ao meio ambiente e à saúde pública a fim de que se proponham ações específicas para proteção ambiental.

Na fase de projeto, deve-se estar atento às seguintes questões:
- **Escolha dos processos construtivos:** É nessa fase que o projetista pode auxiliar na questão de resíduos, por exemplo, a escolha de processos construtivos que impliquem em menor apropriação de recursos naturais (água, petróleo etc.) ou menor geração de impactos ambientais (menores emissões de carbono, fontes de energia mais limpas etc.), geração de resíduos mais recicláveis (maior eficiência do processo de reciclagem, aproveitamento do resíduo, menor probabilidade de contaminação, menor quantidade de energia etc.), menor desperdício por causa da industrialização do processo. Nota-se que o projetista precisa estabelecer critérios técnicos (de sustentabilidade ambiental, econômica, técnica, energética etc.) na escolha do melhor método construtivo. Assim, uma solução técnica pode ser melhor em algum aspecto e pior em outro (facilidade executiva, custo etc.).

- **Adoção de métodos de construção desmontáveis:** De maneira geral, os projetistas não estão habituados a pensar as construções num prazo limitado. Embora eles se preocupem com as atividades de manutenção, poucos são levados à profunda reflexão do pós-uso, porque boa parte das construções (edifício, estrada, porto, aeroporto, barragem) é concebida para durar décadas, período após o qual dificilmente há vínculo entre projetista e construção. Com o advento das preocupações ambientais, e consequentemente da gestão de resíduos, os projetistas precisam refletir sobre a modificação total ou parcial da construção ao longo e após sua vida útil. Assim, passam a ter importância não somente os materiais escolhidos para compor a construção, como também os métodos requeridos para manutenção e sua desconstrução. Passam a ser determinantes aspectos como durabilidade dos materiais de construção, reciclabilidade e periculosidade dos resíduos, tecnologias disponíveis para desconstrução, uso futuro da área, entre outros. A adoção de métodos de construção desmontáveis contribui com essa questão, ao facilitar a execução da desconstrução, minimizando riscos de contaminação cruzada. Em oposição, imagine escombros de um edifício residencial recém-implodido (ou derrubado por uma catástrofe natural, por exemplo) e a dificuldade de segregação de seus resíduos, posta sua diversidade.
- **Uso de pré-fabricados:** A industrialização da construção civil é cada vez maior. Essa característica permite que os elementos que compõem as construções sejam beneficiados previamente, o que significa que os resíduos associados à sua fabricação também não ocorrem, em grande parte, no canteiro de obras. De maneira geral, a pré-fabricação contribui com a gestão de resíduos na medida em que minimiza a diversidade e a quantidade de resíduos a ser gerenciada no canteiro de obras. De igual modo, na unidade fabril há a possibilidade de padronização de processos, com consequente uniformização de resíduos, o que, em tese, reduz a diversidade de resíduos, ganha-se escala de controle e de economia, facilita seu gerenciamento e potencializa a inserção dos resíduos em mercados de reciclagem.
- **Utilização de materiais recicláveis:** Considerando que as soluções ambientais, à luz das leis de conservação da massa e de energia, restringem-se essencialmente a concentrar ou a dispersar poluentes, o uso de materiais recicláveis na construção é bem-vindo, , já que, em um mundo de mais de 7 bilhões de habitantes, cada vez menos o homem pode se dar ao luxo de reservar parte de suas terras para armazenar resíduos. Considere ainda que entre esses resíduos não recicláveis há parcela de resíduos perigosos e que,

para parte deles, não é desejável a queima (incineração, coprocessamento etc.). Nessas condições, quanto mais reciclável for um material, melhor. Essa maior reciclabilidade deve levar em conta os gastos energéticos, a eventual perda de qualidade do novo produto, os custos associados à logística reversa, entre outros. Cumpre aos projetistas, consumidores e à sociedade investigar e adotar as melhores práticas e, sob o viés da sustentabilidade, escolher quais materiais ou "confortos" estão dispostos a ceder para a continuidade de suas atividades.

- **Redução da utilização de pinos e adoção de encaixes:** Na mesma linha dos sistemas desmontáveis, o uso de sistemas cujas uniões são de fácil desacoplamento, tal qual o utilizado nas tradicionais construções japonesas, contribui bastante com o gerenciamento dos resíduos. Isso se aplica não somente a formas de madeira, que podem ser substituídas por metálicas ou plásticas, como também convida o projetista a inovar ou reinventar técnicas construtivas que contribuam com o processo de construção-desconstrução. A eliminação de pinos metálicos costuma acelerar o processo de desmontagem das estruturas e diminui os riscos associados à contaminação por pinos em resíduos de madeira. A presença desses pinos prejudica ou inviabiliza certos processos de reciclagem (Nagalli et al., 2013).

- **Estabelecimento de parcerias junto a cooperativas de reciclagem:** As cooperativas de reciclagem, muitas vezes fomentadas ou organizadas pelas administrações municipais, costumam ser constituídas por ex-catadores ("carrinheiros") de materiais recicláveis. Um trabalho, em sua origem, informal. No geral, essa iniciativa tem por intuito prover os ex-catadores de estrutura mínima para melhor desenvolver suas atividades. Usualmente alguns deles assumem a liderança do grupo, em que um parte atuará na coleta "porta a porta", enquanto a outra ficará em um barracão (algumas vezes cedido pela administração municipal ou iniciativa privada) na triagem e seleção de material para reciclagem. Algumas iniciativas de valorização do serviço que eles prestam à sociedade incluem desde a substituição da denominação da função, de "catadores" ou "carrinheiros" para "agentes ambientais", até fornecimento de carrinhos elétricos e ergonômicos para o melhor acondicionamento de materiais recicláveis e circulação em vias públicas (exemplo do município de Curitiba). Paulatinamente, esses trabalhadores conseguem, além de incrementar suas rendas, atingir melhores condições de trabalho/vida. Assim, sempre que o mercado da construção civil se utiliza da parceria com essas cooperativas de reciclagem, contribui não só com o aumento dos volumes de resíduos reciclados, mas também fomenta os benefícios sociais e econômicos inerentes à cadeia da reciclagem.

- **Contratos que prevejam o recolhimento e redução de embalagens pelos fabricantes:** Considerando a recém-aprovada Política Nacional de Resíduos Sólidos, é natural que as empresas fornecedoras de produtos e insumos para a construção civil incorporem práticas voltadas à logística reversa. Assim, os gerentes de resíduos da construção devem implementar práticas junto a seus fornecedores que visem à minimização dos resíduos no canteiro de obras. Sempre que possível, embalagens devem retornar imediatamente a seus fabricantes. Por analogia, quando um indivíduo compra uma geladeira em uma loja de departamentos, não está interessado nos isopores, caixas de papelão ou *pallets* que acompanharão o produto. Então, esses materiais utilizados no acondicionamento, proteção e transporte podem servir para embalar outra geladeira se forem retornados ao fabricante. Sabendo disso, o próprio fabricante pode investir em materiais cada vez menos descartáveis e mais duráveis, prática totalmente oposta hoje em dia. Em um canteiro de obras, milhares de itens são recebidos até que o empreendimento fique pronto. Há, portanto, um nicho tecnológico de desenvolvimento de embalagens mais sustentáveis a ser mais bem explorado.

- *Layout* **do canteiro de obras otimizado e prevendo o gerenciamento dos resíduos:** A definição do *layout* do canteiro de obras e do canteiro de serviços deve acontecer ainda na fase de anteprojeto. É nesse momento que a equipe de engenharia que executará a obra antevê o funcionamento dos trabalhos cotidianos e vislumbra a estrutura necessária para seu bom desempenho. Devem ser projetados os ambientes que abrigarão as diferentes atividades da obra (onde ficará o escritório, o almoxarifado, as áreas de corte, dobra e montagem, a carpintaria, a central de gerenciamento de resíduos etc.). Na otimização espacial dessa estrutura, devem-se estar atentos aos aspectos como disponibilidade e posição de redes de água, esgoto, energia elétrica etc. Também de acessos para pedestres e veículos. E, ainda, com o futuro fluxo de materiais e resíduos (onde serão armazenados temporariamente, quais requisitos esse armazenamento exige, acesso ao local onde estarão os veículos coletores-transportadores etc.). Um bom *layout* de canteiro não somente melhora o desempenho dos serviços, como reduz os custos associados e minimiza acidentes de trabalho e ambientais.

- **Capacitação de funcionários:** A habilidade de um funcionário para exercício de determinada função depende exclusivamente de capacitação e treinamento. A **capacitação** significa tornar o funcionário apto a desempenhar uma atividade, compreendendo as diretrizes da execução da tarefa. Já o **treinamento** visa preparar o colaborador para essa execução, por meio de exercícios simulados (teóricos ou práticos), em que o mote é não mais apresentar ao trabalhador como e por que a tarefa deve ser executada daquela maneira, mas prepará-lo para a execução propriamente dita. Portanto, na fase de projeto, é especialmente importante capacitar e treinar a equipe para o exercício das tarefas planejadas para a obra. É desejável que nessa fase seja elaborado um Programa de Capacitação e Treinamento cujo cronograma se estenda pela fase executiva da obra.

Na fase de construção, a equipe de gerenciamento de resíduos (EGR) deve estar atenta às seguintes questões:

- **Gerenciamento logístico dos resíduos:** Avaliação periódica e sistemática do desempenho logístico do fluxo de materiais e resíduos no canteiro de obras. Abrange o questionamento crítico da estrutura disponibilizada para gerenciamento dos resíduos no canteiro e sua eficiência. Inclui, por exemplo, a avaliação da quantidade de recipientes disponibilizados para coleta de resíduos, sua capacidade de armazenamento, frequência de coleta, sinalização, aplicação dos conceitos de separação de resíduos expostos nos treinamentos de funcionários, dificuldade de acesso para coleta por veículos transportadores, forma de acondicionamento de resíduos que permita facilitar sua coleta etc.
- **Treinamento de funcionários:** Destacada a importância da capacitação e treinamento na fase de projetos, é na fase prática que os treinamentos revelam sua eficiência. Assim, durante a construção deve ser avaliada se a periodicidade prevista no Programa de Capacitação e Treinamento é adequada ou precisa ser revista. Ou se são necessários treinamentos específicos, a este ou aquele colaborador, para este ou aquele tipo de segregação ou destino de resíduos, de modo a complementar os treinamentos previstos.
- **Transporte adequado:** Na fase de construção, a equipe que gerencia a questão de resíduos deve estar atenta às condições de transporte de resíduos. Resíduos perigosos requerem cuidados especiais (equipamentos de proteção, veículos apropriados etc.) em seu transporte. Materiais granulares, geralmente transportados em caçambas estacionárias ou caminhões basculantes, precisam estar cobertos por lona. Além disso, os veículos devem estar em boas condições de operação e os motoristas devem estar treinados para a função e devem respeitar rigorosamente as rotas e os destinos estabelecidos

para cada tipo de resíduo. Há casos, por exemplo, em que motoristas foram flagrados vendendo cargas de terra para seus vizinhos em vez de transportar os resíduos à área de aterro estabelecida como destino. Situações como essa precisam estar sob atenção da administração, sob pena de responderem solidariamente, uma vez que a responsabilidade sobre os resíduos e seu destino recai também sobre o gerador.

- **Execução dos contratos e parcerias firmados (recolhimento de embalagens, resíduos etc.):** Em razão das responsabilidades inerentes ao processo de gestão de resíduos, que podem suscitar demandas judiciais no caso de inadequação legal ou descumprimento de contratos, é muito importante elaborar bons contratos. Nesse caso, bons contratos referem-se àqueles que preveem as obrigações e responsabilidades de cada parte, não somente respeitando-se os preceitos legais, como também detalhando as diretrizes operacionais do processo. Isso quer dizer que é desejável que tais contratos prevejam, por exemplo, se o pagamento de um fornecedor estará condicionado à apresentação de documentos relativos ao processo de gerenciamento (licenças ambientais, Controle de Transporte de Resíduos – CTRs, certificados de destino, desempenho em processo de auditorias etc.). Tal prática contribui não somente com a resolução de conflitos, mas também muitas vezes serve de referencial operacional e administrativo para a parcela menos especialista em rituais gerenciais. Considerando que parte dos prestadores de serviço do setor de coleta e transporte de resíduos desconhece a legislação pertinente e que, pouco a pouco, as administrações municipais legislam complementarmente sobre a matéria, a adoção de contratos detalhados contribui para a formalização e padronização dos processos no setor da construção civil e, em um primeiro momento, funciona como diferencial para os fornecedores que mais rápido se adaptam a essa nova realidade gerencial. Existe hoje em dia, por parte das construtoras, uma verdadeira busca por prestadores de serviço dispostos a atuar conforme o novo padrão. Como o mercado estava outrora habituado a praticar soluções inadequadas, e por isso mais baratas, a atual conjuntura leva à coexistência de empresas "adequadas" e "inadequadas" no mercado, ou ainda, empresas que cobram determinado valor para prover uma solução inadequada e outro, geralmente mais caro, para prover uma solução adequada. Com o aumento das atividades de fiscalização e conscientização dos agentes, a perspectiva é a adaptação do setor à nova realidade e, consequentemente, à prática de uma nova remuneração pelo adequado serviço de destinação. Observa-se em municípios que legislaram sobre o tema e intensificaram suas ações de fiscalização e licenciamento, que prestadores de serviço "inadequados" migraram para municípios vizinhos, onde puderam dar continuidade a suas atividades. Com a evolução da implantação de sistemas de gestão municipais voltados à questão dos resíduos, a tendência é que esses prestadores de serviço tenham dificultadas suas atuação e participação no mercado. Surge então a necessidade de especial atenção por parte dos gestores municipais à geração de resíduos pelos pequenos empreendimentos (reformas, pequenas obras etc.) que, somados, representam grande parcela dos resíduos sólidos urbanos e que, por falta de conscientização, custo ou comodidade, acabam se valendo de soluções informais e/ou tecnicamente inadequadas.

- **Segregação e classificação dos resíduos:** Uma vez que a destinação de resíduos privilegia alternativas que tenham maior eficácia, preparar tais resíduos para essas destinações é imprescindível. A principal etapa preparatória no âmbito dos RCDs consiste na sua segregação, que deve estar pautada no tipo de resíduo, no local que receberá tal resíduo e no tipo de processo que será aplicado no seu tratamento. Costuma ser útil a classificação da Resolução Conama n° 307 (Conama, 2002), que segmenta os resíduos segundo seu destino. Contudo, dentro da mesma classe residual, podem ser necessárias subclassificações, em razão da área para a qual será encaminhado determinado resíduo. Por exemplo: papéis e plásticos são ambos classificados como Classe B, porém é provável que tais resíduos sejam reciclados em processos e/ou em locais diferentes. Com essa situação, tais resíduos devem ser, se possível, segregados na própria obra, vislumbrando-se essa destinação. Por outro lado, se tais resíduos forem passar por um processo de triagem em uma cooperativa, poderia ser dispensada tal segregação na obra (embora colaborasse com os funcionários do centro de triagem). A EGR deve estar atenta e periodicamente vistoriar caçambas estacionárias, cargas de resíduos, baias, lixeiras etc. a fim de verificar a adequada segregação dos resíduos. Preferencialmente tal segregação deve estar acompanhada de sinalização, identificando a respectiva classificação do resíduo.
- **Recolhimento periódico do lixo e limpeza do canteiro:** Os gerentes de resíduos devem se atentar ao asseio do canteiro de obras, o que contribui com a organização do ambiente de trabalho e sua higidez (salubridade ambiental). É comum que as construtoras aloquem alguns funcionários para promover a coleta de resíduos no canteiro, recolhendo lixo, bitucas de cigarro, sacos plásticos, embalagens, restos de materiais etc. Essa é uma boa solução,

mas melhor seria se cada funcionário fosse consciente da importância da limpeza do canteiro e procurasse não sujá-lo. Algumas construtoras adotam a política 5S (Gonzalez, 2009), buscando manter limpos, organizados, seguros e eficientes seus locais de trabalho.

- **Fiscalização e auditorias internas de procedimentos:** A prática de auditorias internas pode balizar os processos de treinamento e melhoria contínua da construtora. Sempre que possível, as auditorias internas devem ser acompanhadas de registros fotográficos e indicadores objetivos que podem ser utilizados nos treinamentos dos colaboradores.

Na fase de planejamento e execução de atividades de demolição, o gerenciamento de resíduos na obra deve atender às seguintes questões:

- **Escolha das etapas, processos e métodos de demolição (em geral, contrária à construção):** O método de demolição deve privilegiar a máxima utilização viável dos resíduos (demolição seletiva). Geralmente, a adoção dessa diretriz impõe a escolha de métodos de desconstrução manuais, principalmente nas primeiras etapas do serviço. Por exemplo: luminárias, lâmpadas, metais, louças, armários ou outros acessórios devem ser removidos visando seu reaproveitamento/reciclagem. Tal solução revela-se melhor, por exemplo, que simplesmente utilizar um trator para derrubar tudo e posteriormente fazer uma coleta seletiva que, em geral, é menos efetiva.
- **Definição da destinação e dos requisitos de qualidade dos resíduos:** Em razão do histórico da edificação, dos destinos dos resíduos e da forma de tratamento, os projetistas devem estabelecer os processos desconstrutivos. Deve-se estar atento à segregação e manipulação adequada de materiais perigosos (com amianto, ascarel, metais pesados etc.). Por exemplo, imagine os resíduos de demolição de uma clínica radiológica cujos materiais precisarão ser removidos das paredes. Obviamente, devem ser observadas as normas da Comissão Nacional de Energia Nuclear (CNEN) nesse descarte.
- **Tempo *versus* localização:** Em razão do uso futuro da área e investimento, pode ser necessária uma demolição expedita. Nesses casos, é comum adotar técnicas mais "agressivas" de demolição, com segregação dos resíduos *a posteriori*. Nesses casos, é recomendável a caracterização desses resíduos antes de seu descarte, visando classificar o resíduo quanto a sua periculosidade. De igual modo, pode ser necessária a demolição expedita em situações de riscos (encostas acentuadas, situações de desastres naturais etc.), visando a resguardar a segurança dos envolvidos.

- **Poeiras, ruídos e vibrações:** Em virtude de os processos de demolição geralmente envolverem a cominuição de materiais e estruturas, é comum o uso de equipamentos e máquinas de cuja operação resultem poeiras, ruídos e vibrações. Assim, atividades de demolição em áreas densamente povoadas podem demandar a adoção de sistemas de controle ou monitoramentos de poeiras, ruídos e vibrações. Dependendo da resposta ou eficácia dessas medidas de controle, pode ser necessária a substituição do método utilizado na demolição. Os projetistas devem estar bastante atentos a esses aspectos.
- **Possibilidade de venda dos materiais retirados (contratos):** Cada vez mais o mercado da reciclagem se estrutura de modo a viabilizar economicamente o comércio de resíduos. Embora atualmente esta incorporação de valor econômico seja mais comum na área que cuida de metais, não é difícil encontrar iniciativas em que resíduos de madeira, plásticos ou cerâmicos são comprados por empresas do setor. Assim, cumpre aos projetistas e gerentes de resíduos analisarem a viabilidade de comercialização dos resíduos associados a um serviço de demolição, de modo a tornar mais atrativa essa atividade. A renda gerada por essa venda pode, por exemplo, ser revertida na sustentabilidade econômica do investimento pelo empreendedor.
- **Equipamentos de proteção individual associados:** Os equipamentos de proteção individual associados à atividade de demolição, além de atuarem na segurança propriamente dita dos trabalhadores, devem ser inseridos no contexto do gerenciamento de resíduos da obra. Assim, devem ser pensadas para o pós-uso formas específicas de manipulação, acondicionamento e descarte destes materiais.

Uma das práticas correntes na área é aplicar a metodologia 5S (Gonzalez, 2009), concebida e difundida amplamente no Japão, que busca atingir os requisitos de qualidade na gestão dos RCDs empregando-se os sensos de utilidade, organização, limpeza, saúde e autodisciplina. De maneira geral, recomendam-se as seguintes ações para o efetivo gerenciamento dos resíduos de uma obra:
- evitar a geração de resíduos através do máximo aproveitamento de insumos e otimização de processos construtivos;
- manter sempre limpas as áreas de obras ou serviços, removendo o lixo e o material inservível, através de varrição e lavagem adequada;
- promover o treinamento dos funcionários;
- promover a orientação, ambientação e instrução de contratados, inserindo-os no processo de gestão dos resíduos;
- promover a segregação adequada dos resíduos;

- controlar e fiscalizar a correta segregação dos resíduos pelos colaboradores;
- adquirir e implantar os equipamentos necessários à boa gestão dos resíduos;
- sinalizar adequadamente os locais e/ou recipientes de acondicionamento e armazenamento;
- remover periodicamente os detritos gerados pela obra e pelos trabalhadores, na periodicidade prevista no PGRCC, bem como proporcionar instalações de apoio e sanitárias adequadas;
- garantir a deposição temporária ou permanente de materiais inservíveis em locais adequados;
- recolher e armazenar para coleta todo resíduo sólido gerado durante a implantação das obras, não permitindo a instauração de um passivo ambiental (problema ambiental cujo custo de reparação é assim denominado);
- desenvolver material de apoio a ser utilizado em treinamentos e educação ambiental;
- promover a orientação dos funcionários para melhorar as condições operacionais/organizacionais da obra e sua conscientização ambiental;
- orientar os funcionários, desenvolvendo procedimentos atitudinais positivos, a serem cumpridos nas relações interpessoais;
- orientar os funcionários a não ingerir bebidas alcoólicas antes ou durante o expediente de trabalho para não comprometer a produtividade, colocar em risco a si mesmo ou aos lindeiros, ou ainda causar acidentes;
- organizar a entrada e saída de caminhões carregando materiais e detritos, procurando evitar os horários de pico no trânsito, observando as exigências dos órgãos competentes;
- remover, o quanto antes, os resíduos eventualmente derramados sobre vias públicas;
- preencher as fichas de Controle de Resíduos, quando aplicável;
- certificar-se da correta disposição final, realizada por contratados;
- prever, em contrato, as responsabilidades dos contratados acerca do correto gerenciamento dos RCDs;
- arquivar registros dos treinamentos efetuados;
- revisar, quando necessário, o PGRCC;
- elaborar RGRCCs.

Estas são algumas das ações que competem ao gestor/gerente da área de resíduos de construção e de demolição. Por certo, cada equipe deve, no dia a dia da obra, ajustar e aprimorar estes procedimentos, a fim de melhorar o procedimento de gerência.

3.3 Políticas de planejamento

Uma política de planejamento, no âmbito do gerenciamento dos resíduos de construção, é uma diretriz norteadora, uma carta de intenções, do objetivo que uma organização almeja alcançar na área. É muito importante que a definição dessa política tenha participação e comprometimento da alta direção da empresa para que seja efetivamente implantada. Sua ampla divulgação deve permitir a colaboradores, fornecedores e à comunidade toda sua efetiva viabilização.

A fim de que os funcionários da construtora possam contribuir com esse propósito, é recomendável que eles tomem conhecimento da política de planejamento/gerenciamento ou da missão do sistema de gestão, sendo desejável sua ampla divulgação no ambiente de trabalho e citação em treinamentos.

É comum que as políticas sejam expressas em poucas frases, iniciando com verbos no infinitivo, tais como: "Promover o efetivo gerenciamento dos resíduos...", "Contratar somente fornecedores licenciados..." etc. Tais políticas podem ser ainda no sentido da não geração de resíduos (o que, a rigor, só tem validade enquanto meta), da minimização dos resíduos, da contratação de somente fornecedores licenciados, da organização da obra, da horizontalidade da informação, do lucro, e assim por diante.

No geral, as premissas básicas de gerenciamento costumam prever a não geração de resíduos, em consonância com o que preconiza a Política Nacional de Resíduos Sólidos, o aproveitamento ao máximo de cada insumo, minimizando ao factível a geração de resíduos, e/ou a reutilização e a reciclagem dos resíduos, o que contribui com essa diretriz ambiental.

Subordinadas às Políticas de Gerenciamento surgem metas de curto, médio ou longo prazo, impondo objetivamente autoindicadores de desempenho. Por exemplo, reduzir 5% a geração de resíduos de concreto no próximo ano, ou ainda, reduzir 10 m³/mês do uso de aterros industriais para destinação de resíduos etc.

Esse tipo de política precisa estar de acordo com o que estabelece o "estado da arte" sobre o assunto. A não geração de resíduos nas atividades da construção civil é o objetivo principal da aplicação do gerenciamento, no entanto, a eliminação completa dos resíduos é muito difícil. Desse modo, o desenvolvimento de técnicas que visem à minimização da geração de resíduos se torna muito importante para a operacionalização dos programas de gerenciamento (Poon; Yu; Ng, 2001; Araujo, 2002; CWM, 2005 apud Tozzi, 2006).

Banias et al. (2011) estabelecem como medidas fundamentais voltadas à política de gerenciamento a promoção/planejamento da desconstrução de estruturas, o uso de materiais de construção ambientalmente amigáveis (*eco-friendly*), a substituição de substâncias perigosas, os incentivos para o uso de materiais de construção secundário e a introdução de uma legislação rigorosa em relação à gestão do final do "ciclo de vida" dos materiais de construção.

Por outro lado, Jailon, Poon e Chiang (2009) estabeleceram os seguintes fatores, em ordem decrescente de importância, que costumam vigorar na seleção de determinado método de construção:

- custo de construção;
- tempo de construção;
- familiaridade com a tecnologia de construção;
- habilidade de construção no mercado local;
- requisitos do empreendedor;
- requisitos de dependência do trabalho no local;
- redução de resíduos;
- logística de entrega.

Para neutralizar essa hierarquia, algumas empresas de construção adotam Sistemas de Gestão Ambiental (SGAs) cuja certificação assegura à sociedade que as questões ambientais são consideradas nas decisões da empresa. Porém a certificação não necessariamente resulta em menor geração de resíduos e impactos ambientais.

Exercício
7 Suponha que você é proprietário-diretor de uma construtora e defina uma política de gerenciamento de resíduos para sua empresa.

3.4 Mecanismos de avaliação e controle

Tão importante quanto implantar um sistema de gerenciamento de resíduos é garantir sua efetividade. As práticas previstas na etapa de planejamento devem ser revistas e aprimoradas. Para tal, a utilização de alguns indicadores pode sistematizar e organizar este processo. São alguns mecanismos de avaliação e controle do processo de gerenciamento:

- geração de indicadores (por equipe, por área de atuação, por resíduo etc.);
- elaboração de procedimentos (rotinas contratuais, processos construtivos, contratação de terceiros, atividades de fornecedores etc.);
- auditorias internas;
- auditorias externas;

- opiniões de funcionários durante treinamentos;
- caixa de sugestões.

O método 5S anteriormente citado propõe em sua implantação a seguinte rotina:
- Levantar os recursos necessários à implantação.
- Executar um planejamento.
- Elaborar procedimento de avaliação e divulgação do 5S.
- Elaborar as Listas de Avaliações de Equipes (LAEs).
- Realizar a Lista de Verificação de Canteiro (LVC).
- Treinar os funcionários, preparando-os para o 5S.
- Avaliar regularmente as equipes.
- Divulgar a avaliação.

E como mecanismo de avaliação o seguinte procedimento:
- Pré-requisito: o 5S deve estar implantado.
- Vistoria provida por um engenheiro civil ou arquiteto (coordenador), conhecedor do 5S.
- Recursos: Lista de Avaliação das Equipes (LAE) e máquina fotográfica.
- Avaliação de toda a equipe em até 3 dias.
- As equipes podem ser avaliadas mais de uma vez.
- As equipes serão fotografadas.
- Nota final, calculada pela média das avaliações.
- Avaliação sem pré-conhecimento de data pela equipe avaliada.
- Reavaliações mensais.

Não somente o método 5S, como também outros métodos, sugerem que os resultados do processo de avaliação e controle do gerenciamento sejam divulgados. Cientes do desempenho do gerenciamento, os colaboradores e gerentes podem atuar e contar com a participação de todos no processo de melhoria continuada. Auxilia neste processo a atribuição de indicadores objetivos, sejam notas (de zero a dez) ou conceitos (excelente, ótimo, regular, péssimo etc.), porquanto os agentes desenvolvidos podem melhor analisar os resultados da avaliação. Atuar pontualmente sobre as falhas identificadas, trançando metas objetivas, é igualmente importante.

Como mecanismos de controle, pode-se citar:
- registros de treinamentos;

- manifestos de transportes de resíduos;
- contratos junto a fornecedores;
- cópias de licenças ambientais de fornecedores e parceiros para verificação de requisitos ambientais;
- listas de verificação;
- relatórios de auditorias internas e externas.

Exercício

8 Estruturar um plano para auditoria interna de um sistema de gerenciamento de resíduos de uma construtora para aplicação em uma obra residencial.

3.5 Impactos ambientais associados aos RCDs

Os RCDs mal geridos podem acarretar uma série de impactos ambientais. Seu uso ou disposição final inadequados podem contaminar córregos, águas superficiais e subterrâneas, afetar a vida humana etc. A Resolução Conama nº 001 (Conama, 1986) definiu impacto ambiental como:

> qualquer alteração das propriedades físicas, químicas e biológicas do meio ambiente, causada por qualquer forma de matéria ou energia resultante das atividades humanas que, direta ou indiretamente, afetam: a saúde, a segurança e o bem-estar da população; as atividades sociais e econômicas; a biota; as condições estéticas e sanitárias do meio ambiente; a qualidade dos recursos ambientais.

Assim, os resíduos da construção civil seriam potenciais agentes de degradação da qualidade ambiental na medida em que interagem com diversos aspectos ambientais, conforme Fig. 3.3.

A interação entre os diversos compartimentos e componentes ambientais e os resíduos da construção e demolição como parte destas interações leva à conclusão de que pensar a sustentabilidade na construção deve ir além de investigar as emissões de carbono de determinado material. Assim, a engenharia contemporânea deve considerar também aspectos sociais, econômicos, culturais etc.

A recente expansão do setor da construção civil brasileiro, aliada à nova concepção e consciência ambiental coletiva adquirida nas últimas décadas, possibilita que hoje se possa pensar na construção civil como um potencial agente de fomento à sustentabilidade. Sem dúvida, essa sustentabilidade só poderá ser alcançada se for dada a devida atenção à questão dos resíduos de

Fig. 3.3 *Relação entre resíduos da construção e demolição e aspectos ambientais*

construção. Além disso, a questão ambiental dos resíduos da construção vai além de seu gerenciamento.

Hoje em dia, surgem campos de trabalho e oportunidades (para desenhistas industriais, urbanistas, engenheiros etc.) para o desenvolvimento de novos materiais e produtos que agridam menos o meio ambiente. Porém, o setor da construção requer também que se pensem novos meios de embalar, transportar e manejar os materiais da construção; que se avalie a evolução dos centros urbanos e a crescente ausência de áreas para disposição de resíduos em solo, além da durabilidade das construções que, apesar da evolução tecnológica na área de patologias das construções, o que se nota é um crescente adensamento populacional em centros urbanos, impondo a verticalização das edificações etc.

Por outro lado, os consumidores de produtos da construção civil aumentam sua consciência ambiental e, não havendo empecilhos econômicos, na medida possível, optam por construções ambientalmente mais amigáveis. Todo o arcabouço legal também força o setor a se adaptar a essas novas questões.

Gerenciar resíduos para a sustentabilidade não é simples. Por exemplo, Chung e Lo (2003) relatam que, em Hong Kong, uma das principais causas para a gestão de resíduos insatisfatória é o estilo de governança e administração pública, que se sobrepõe a algumas causas gerais como a falta de *know-how* tecnológico ou restrições financeiras.

Citam-se como alguns dos principais impactos associados à má gestão dos resíduos da construção civil:

Impactos na obra (diretos e indiretos)
- Desperdício: geralmente associado ao mau aproveitamento de materiais, deficiência no processo de capacitação da equipe executora, ausência de planejamento (panos de alvenarias, por exemplo), aceleração do cronograma executivo além do desejável etc.

- Consumo de novos recursos naturais: decorrente da apropriação de novos materiais primários em vez do reaproveitamento ou reciclagem de resíduos.
- Proliferação de vetores: associada à disposição ou ao armazenamento inadequados dos resíduos no canteiro. Tratando-se de resíduos putrescíveis, podem ocorrer ratos, baratas, moscas etc. Há também a necessidade da EGR coibir o acúmulo de águas pluviais sobre os RCDs (pneus inservíveis, latas, tampas etc.). Tal prática evita a proliferação de doenças cujo vetor pode utilizar essas águas acumuladas paradas para depositar seus ovos (dengue, malária etc.).
- Acidentes de trabalho: a desorganização do canteiro e o não uso de equipamentos de proteção apropriados podem aumentar os riscos de acidentes de trabalho.
- Falta de espaço, fluxo de pessoas e materiais: o mau aproveitamento do espaço do canteiro, quer pela ausência de planejamento da ocupação ou dimensionamento de estoques de materiais e resíduos, pode inviabilizar ou dificultar a execução da obra.
- Obstrução de drenagens: a ausência de dispositivos de controle para evitar o carreamento de sólidos aos sistemas de drenagem pode ocasionar sua obstrução com consequências operacionais à obra.
- Contaminação de solo e águas subterrâneas: geralmente está associada à ausência de local e práticas adequados no trato de resíduos perigosos, especialmente os líquidos.
- Supressão vegetal: o corte ou a destruição de vegetação é comumente decorrente de processos e execução de aterros ou cortes em obras. Tal prática pode levar a novos impactos ambientais, tais como a destruição de espécimes importantes do ecossistema, perda de biodiversidade, impermeabilização de solos etc.
- Inviabilização de reciclagem de materiais: geralmente decorre da não segregação na fonte geradora de resíduos. Ocorre perda de qualidade do material, demandando processos de tratamento preparatórios de resíduos, que nem sempre serão técnica ou economicamente viáveis.

Impactos no entorno (diretos e indiretos)
- Vibrações e ruídos: decorrem usualmente de processos de demolição pelo uso de equipamentos de impacto ou com motores a combustão. Podem também estar associados à queda de materiais ou resíduos durante as atividades desconstrutivas.

- Assoreamento de cursos d'água: o transporte de sólidos, decorrentes da má gestão de RCD, aos sistemas ou redes de drenagem podem acelerar o assoreamento de cursos d'água.
- Subutilização de áreas (bota-fora): a ausência de processos de controle de compactação e umidade na execução de aterros ou a mistura de resíduos em granulometrias inadequadas podem levar à má utilização e até comprometer a futura ocupação de áreas de aterro.
- Não geração de renda e fomento ao mercado da reciclagem: a abdicação (pelos construtores de processos de segregação e controle de resíduos) acarreta prejuízos diretos e indiretos no mercado da reciclagem, pois deixa de fomentar toda a cadeia recicladora de materiais e benefícios sociais associados.
- Não educação ambiental dos trabalhadores e prejuízos associados: a construtora, enquanto agente empregador, pode contribuir com o poder público na disseminação e conscientização popular. Na medida em que a educação ambiental é promovida nas obras, seus agentes podem replicar, consolidar e extrapolar tais conceitos na sociedade, de maneira ativa.
- Contaminação de solos e águas: transcendendo os limites da obra, a contaminação de solos e águas pode comprometer mananciais de abastecimento de água, poluir cadeias alimentares (e bioacumular), prejudicar atividades agrícolas etc.
- Saúde pública afetada: a má gestão dos RCDs, como indutor de doenças, afeta e onera os sistemas públicos de saúde e as pessoas do entorno da obra como um todo.

Depreende-se que o controle e a prevenção desses impactos supera a alçada do gerenciamento dos resíduos da construção, demandando atenção de toda a equipe de obra e comprometimento da alta direção no sentido de propiciar recursos necessários e suficientes para minimização de seus efeitos.

Sob a ótica da sustentabilidade, a questão dos RCDs também deve ser analisada com critério. Nagalli (2013) e Yuan (2013) abordam o assunto de maneira holística. Yuan (2013) identifica trinta indicadores, apresentados na Fig. 3.4, que afetam de maneira geral a relação entre os RCDs e o meio ambiente.

Efetividade da Gestão de RCD

Geração de RCD
1. Alterações de design/projeto
2. Consideração de redução de RCD em projeto
3. Investimento na gestão de RCD
4. Normas e regulamentos para gestão dos RCD
5. Área para o gerenciamento de RCD
6. Adoção de tecnologias com pequena geração de RCD
7. Impacto na redução de custo de RCD
8. Cultura de gestão de RCD dentro da uma organização

Desempenho econômico
1. Custos de coleta, triagem e separação
2. Custos de reutilização de resíduos
3. Custo de reciclagem de resíduo
4. Custo de transporte de RCD a aterros
5. Custo da eliminação de RCD em aterros
6. Sanções decorrentes da deposição ilegal de RCD
7. Receita das vendas de RCD
8. Economia no custo do transporte dos RCD da obra para os aterros
9. Economia no custo para o descarte de resíduos em aterros

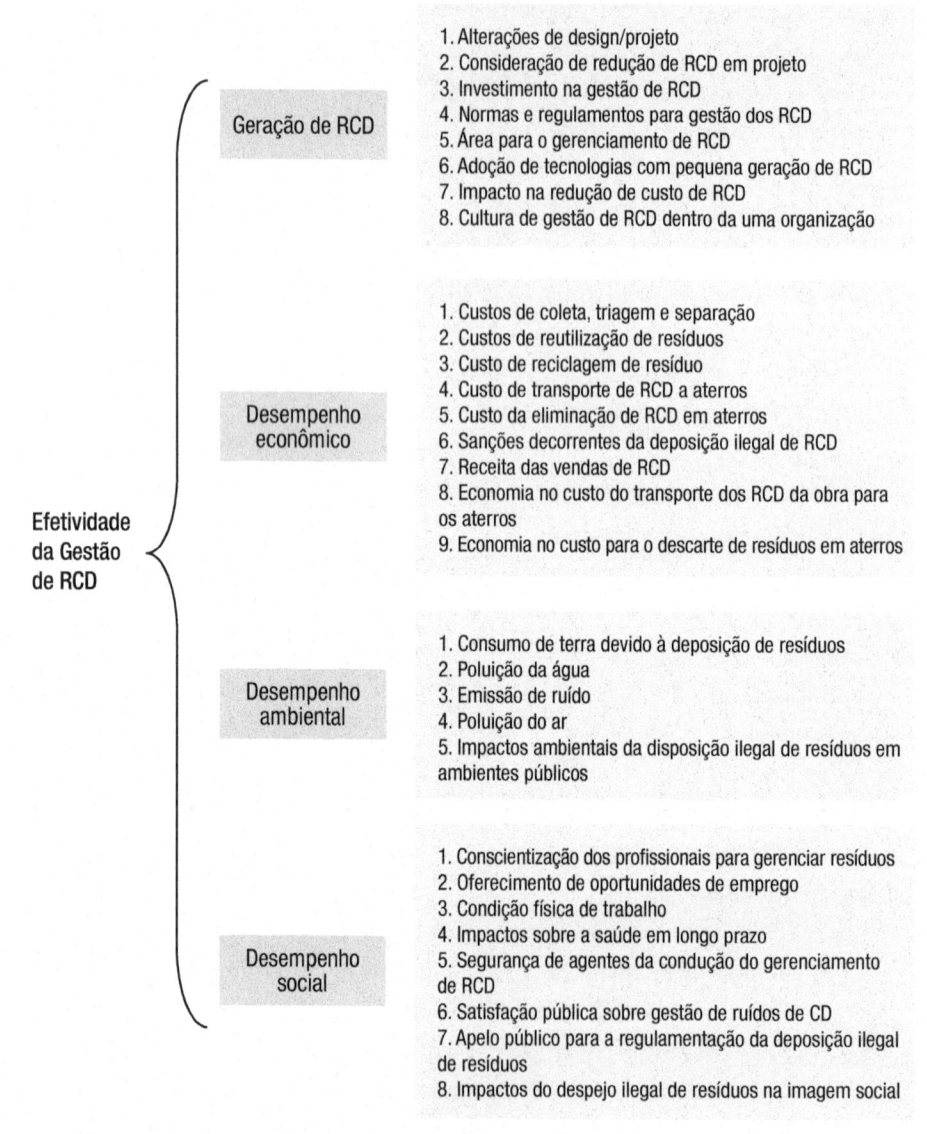

Desempenho ambiental
1. Consumo de terra devido à deposição de resíduos
2. Poluição da água
3. Emissão de ruído
4. Poluição do ar
5. Impactos ambientais da disposição ilegal de resíduos em ambientes públicos

Desempenho social
1. Conscientização dos profissionais para gerenciar resíduos
2. Oferecimento de oportunidades de emprego
3. Condição física de trabalho
4. Impactos sobre a saúde em longo prazo
5. Segurança de agentes da condução do gerenciamento de RCD
6. Satisfação pública sobre gestão de ruídos de CD
7. Apelo público para a regulamentação da deposição ilegal de resíduos
8. Impactos do despejo ilegal de resíduos na imagem social

Fig. 3.4 *Indicadores de sustentabilidade voltados à efetividade da gestão de RCD, segundo Yuan (2013)*

Os processos geradores e a identificação de resíduos

4

A primeira imagem que costuma vir à mente de alguém quando se menciona a expressão "resíduos de construção civil" é uma pilha de materiais de obra não segregados, contendo restos de blocos cerâmicos, argamassa, madeira e possivelmente plásticos. Ocorre que, embora esses materiais sejam os mais encontrados em obras acessíveis à população em geral, não abrangem a totalidade dos resíduos de construções civis. Há diversos outros tipos de obra (estradas, ferrovias, estádios de futebol, aeroportos etc.) que propiciarão diversos tipos de resíduos de construção, inclusive de difícil predição pelos gestores.

Os processos geradores de resíduos da indústria da construção civil são bastante variáveis e complexos. Em seu sentido mais amplo, a indústria da construção civil gera resíduos na construção, em reformas e desconstrução/demolição de empreendimentos (edifícios, obras de infraestrutura, barragens etc.) e nas atividades que dão suporte ao setor (fornecimento de bens e serviços). Para sua compreensão, deve-se avaliar *como* o empreendimento é construído/desconstruído. Com base na Fig. 4.1, seria possível imaginar que resíduos de construção estão sendo gerados?

Fig. 4.1 *Obra portuária em construção*

A menos que o leitor tenha experiência em obras portuárias ou na área de fundações, ficará difícil acertar a resposta. Isso porque aquele modelo mental clássico, da geração de restos de tijolos e argamassa, não se repete. Nesse caso, há geração de sedimentos removidos do interior das camisas metálicas, madeiras das estruturas de apoio, aço das armaduras utilizadas, concreto do arrasamento das estacas, entre outros.

Na predição de resíduos, deve-se considerar fluxos de materiais, processos (produtivos/construtivos/desconstrutivos), existência de rotinas de controle da produtividade e de gestão, aspectos meteorológicos, culturas profissionais etc. Ainda que se conheçam e se controlem todas essas variáveis, é possível que fatores não controláveis ocorram de modo superveniente. Por exemplo, um funcionário incumbido de determinada tarefa que esteja vivendo algum problema familiar ou de saúde pode atuar de modo mais desatento, ineficiente ou despreocupado, e isso repercutirá na quantidade de resíduos gerada na execução da tarefa. Ou, ainda, um fornecedor pode alterar a forma de entrega de seus produtos (embalagens, por exemplo).

Erguer paredes, concretar peças, fresar pavimentos, compactar camadas de solo, a cada atividade de construção/desconstrução corresponderá resíduo(s) específico(s). De modo que anterior ao processo de quantificação de resíduos é o processo de identificação destes. E identificar os resíduos gerados significa conhecer *como* um processo produtivo/construtivo/desconstrutivo é realizado. Quais materiais de construção são necessários, se habitualmente há quebras ou perdas, como os materiais são preparados, fixados ou dispostos, quantas e quais pessoas e equipamentos são necessários à atividade, como os materiais são embalados, entregues e armazenados no canteiro de obras etc. De posse de todas essas informações, será possível inferir quais resíduos serão gerados e só então trabalhar para quantificá-los.

É importante lembrar que a soma dos resíduos gerados nos processos construtivos não atinge a quantidade total de resíduos gerados numa obra. Isso porque há rotinas de manutenção de máquinas e equipamentos e de centrais de carpintaria ou de armação, além de rotinas de escritório, sanitários, refeitório, ambulatório etc., que repercutem na geração total de resíduos.

Quando se é responsável por uma única obra, compreender todos os processos envolvidos nesse nível de detalhe, necessário à plena identificação dos resíduos, é bastante difícil. A situação se agrava quando o interessado em identificar a geração desses resíduos é o responsável pela gestão em maior escala, por exemplo, em um município ou região. Nesses casos, o usual é inferir padrões de geração a partir de padrões de consumo, de desenvolvimento econômico e/ou de cultura construtiva. Compreender a gestão dos resíduos nessa amplitude é necessário aos gestores públicos, uma vez que incumbidos de estabelecer as práticas a serem observadas pelos munícipes. Tal entendimento é útil, por exemplo, na definição de políticas e estratégias voltadas aos chamados *pequenos geradores* de resíduos. Pode-se também definir a posição e a quantidade de pontos de entrega voluntária (PEVs) e de estações/áreas de transbordo e triagem (ATTs), quantos e de que tipo precisam ser as usinas e cooperativas de reciclagem, os eventuais aterros de resíduos e as unidades de coprocessamento, a frequência de coleta porta a porta etc.

É fundamental, portanto, ao gestor de resíduos compreender, em detalhe, os processos de geração de resíduos que irá controlar. Compreender tais processos abrange não só conhecimento bibliográfico sobre o tema, mas também experiência no acompanhamento desses processos e atualidade em relação às práticas adotadas e às tecnologias disponíveis. Em suma, requer que o gestor esteja em constante aprimoramento profissional e imerso nas rotinas de trabalho.

De modo a sistematizar a compreensão sobre tais processos geradores de resíduos, recomenda-se listar inicialmente as etapas da construção/desconstrução (ou industriais, se for o caso) e, então, as atividades-suporte, de forma que se tenham mapeados os *pontos geradores de resíduos*. A intenção é identificar processos geradores de resíduos e eventuais similaridades composicionais entre os resíduos para que seja facilitada sua coleta e sua gestão e a dispersão/distribuição espacial dos coletores. Sugere-se montar uma planilha tal como a indicada no Quadro 4.1.

A título ilustrativo, apresenta-se o Quadro 4.2, preenchido com informações parciais (para facilitar a compreensão) relativas a uma obra de construção de um edifício.

No exemplo desse quadro, nota-se a diversidade de resíduos que pode ser gerada, variando a cada etapa de obra. Ao elaborar a lista, percebe-se que há diversos resíduos com características diferentes das típicas dos resíduos de construção civil, tais como papel higiênico, lodo de fossa séptica e restos de alimentos, que inevitavelmente serão gerados e, por esse motivo, precisam passar pelo processo de quantificação. Pode-se ainda, por meio da identificação (ID), inspecionar resíduos de características similares (como 2 e 5, 8 e 10 ou 7 e 9) visando à consolidação das informações. Outra conveniência, com vistas ao dimensionamento das estruturas de coleta, é observar os locais de geração, de modo que se possam prever recipientes contenedores, em quantidade e distribuição adequadas, em cada um

Quadro 4.1 **Seleção estruturada de informações para identificação de resíduos**

Processo gerador	Resíduo	ID	Ponto de geração
Etapa 1	Resíduo 1	1	Local a
	Resíduo 2	2	Local b
	...	...	...
	Resíduo n	n	Local x
Etapa 2	Resíduo $n+1$	$n+1$	Local $x+1$
	Resíduo $n+2$	$n+2$	Local $x+2$
	...	...	...
	Resíduo m	m	Local y
...	...	...	...
	...	...	...
	...	...	...
	...	...	...
Etapa n	...	...	...
	...	...	...
	...	...	...
	...	...	...
Atividade-suporte 1	...	...	...
	...	...	...
	...	...	...
	...	...	...
Atividade-suporte 2	...	...	...
	...	...	...
	...	...	...
	...	...	...
...	...	...	...
	...	...	...
	...	...	...
	...	...	...
Atividade-suporte n	...	...	...
	...	...	...
	...	...	...
	Resíduo z	z	Local w

Quadro 4.2 **Exemplo de aplicação da lista a um caso de edifício**

	Processo gerador	Resíduo	ID	Ponto de geração
Etapas construtivas	Execução das fundações tipo estaca profunda	Solo	1	Distribuído
		Concreto	2	Distribuído
		Lama bentonítica	3	Distribuído
	Execução de estrutura em concreto armado moldado *in loco*	Sucata de madeira	4	Pavimentos e carpintaria
		Concreto	5	Pavimentos
		Sucata metálica	6	Central de armação
	Execução das vedações em alvenaria de blocos cerâmicos	Cerâmica	7	Pavimentos
		Argamassa	8	Pavimentos
	Instalações elétricas	Cerâmica	9	Pavimentos
		Argamassa	10	Pavimentos
		Plástico	11	Pavimentos
Atividades-suporte	Instalação do canteiro (colocação de tapumes, locação de obra, edificações provisórias)	Sucata de madeira	12	Distribuído
	Funcionamento do escritório de obra	Papéis	13	Escritório
	Refeitório	Restos de alimentos	14	Refeitório
		Marmitas metálicas	15	Refeitório
	Sanitários	Lodo	16	Fossa séptica
		Papel higiênico usado	17	Sanitários

desses locais de trabalho, já que, conforme as fases da obra evoluem, também deve ser adaptada a estrutura.

Alerta-se ao fato de que não foram contemplados no Quadro 4.2 os resíduos referentes a embalagens. Nesse caso, pode-se atuar de duas formas: a primeira é inserir linhas adicionais para as respectivas embalagens em cada uma das etapas de obra, enquanto a segunda é considerar a recepção de materiais como uma atividade-suporte independente, calculando-se a geração de modo individualizado.

Katz e Baum (2011), analisando obras de edifícios residenciais com 7.000 m² a 32.000 m², observaram que a geração de resíduos ao longo da obra ocorre de modo exponencial, ou seja, pequenas quantidades de resíduos são geradas nas fases preliminares e grandes quantidades de resíduos são geradas próximo à fase final. Concluíram que cerca de dois terços da quantidade de resíduos foi acumulada durante o último terço de duração da obra. Caracteristicamente, nos estágios iniciais da obra geram-se grandes quantidades de resíduos recicláveis, tais como materiais granulares (concreto, blocos e aço), e nos estágios finais, embora a quantidade total aumente, a reciclabilidade diminui, em razão do aumento do número de embalagens.

4.1 Sistemas e unidades de medida

Um aspecto importante no processo de quantificação de resíduos é a escolha do sistema e da unidade de medida. Basicamente, há duas opções: medir os resíduos em massa ou medir os resíduos em volume. Em unidades do Sistema Internacional, adota-se o quilograma (kg) para medidas em massa e o metro cúbico (m³) para medidas em volume.

Ocorre que os órgãos públicos brasileiros, com vistas a padronizar a forma de aquisição das informações, costumeiramente adotam uma única unidade de medida, predominantemente a volumétrica. Algumas prefeituras municipais, como é o caso da prefeitura de Recife (PE), por exemplo, preferem adotar a quantificação em massa (Recife, 2019).

A escolha da forma volumétrica decorre da cultura operacional do setor de transporte de resíduos, que de modo conveniente optou por uma aquisição visual da informação. Dessa forma, prescinde-se de sistemas de pesagem e barateiam-se os custos associados. A adoção dessa sistemática de gestão também tende a gerar menor resistência e maior aceitação pelos munícipes e fornecedores de serviços do setor (transportadores de resíduos, principalmente). Assim, habitualmente o levantamento de informações sobre a quantidade de resíduos ocorre no momento da retirada de caçambas estacionárias, em que o motorista do caminhão transportador ou o apontador procede à mensuração da quantidade de resíduos retirada.

As caçambas estacionárias costumam possuir volumes de 3, 5, 6 ou 7 m³, sendo mais usual o de 5 m³ (Fig. 4.2A). Grandes obras costumam contar ainda com caçambas tipo G25 (*roll on-roll off*), cuja capacidade de armazenamento de resíduos é de 25 m³ (Fig. 4.2B) ou até mais (40 m³), apesar de a nomenclatura restar prejudicada. Por óbvio, essa capacidade de armazenamento é definida pelos bordos da caçamba estacionária, e nem sempre os geradores de resíduos respeitam esses limites (fator de carregamento), ultrapassando-os a fim de economizar no frete. Exceder tais limites não é desejável, pois os resíduos podem ser lançados ao longo das vias durante o transporte, já que quase a totalidade das caçambas estacionárias ainda não possui tampas, sendo cobertas usualmente com lonas ou telas. Raramente as caçambas estacionárias são removidas com quantidade de resíduos

Os processos geradores e a identificação de resíduos | 55

Fig. 4.2 Caçambas estacionárias (A) de 5 m³ e (B) de 25 m³ (G25)

inferior à sua capacidade, condição que ocorre geralmente em fim de obra ou em pequenas obras. Desse modo, o mais comum é o motorista ou o apontador registrar, para fins de controle, o volume equivalente à capacidade da caçamba estacionária. E assim se estabeleceu a cultura de mensurar resíduos volumetricamente.

Resíduos com significativo valor econômico agregado ou custo de descarte, a exemplo dos resíduos de sucatas metálicas e dos resíduos perigosos, costumam ser controlados por meio de pesagem. Isso porque o sistema de controle em unidades de massa é mais preciso que o controle volumétrico. O inconveniente de adotar a medida em massa é a necessidade de utilização de balanças, que usualmente não estão disponíveis nos canteiros de obras. Com o avanço do mercado da reciclagem dos resíduos da indústria da construção, a tendência é que todos os resíduos passem a ser controlados em massa, por questões econômico-comerciais.

Considerando que os sistemas de controle e fiscalização dos órgãos públicos brasileiros, como mencionado, são ainda em sua maioria em unidades volumétricas, é preciso, vez por outra, converter dados de um sistema de medida a outro. Nesses casos, faz-se necessário conhecer características como densidade aparente e fator de empolamento dos resíduos, como se passará a discutir.

4.2 Densidade aparente e fatores de variação volumétrica

Os resíduos de construção civil tipicamente são materiais sólidos, granulares e irregulares. Tal irregularidade de forma faz com que, quando acondicionados em recipientes, suas partes não se acomodem de modo perfeito, dando origem a espaços vazios. Por esse motivo, conforme comentado, adotam-se sistemas de unidade de medida em massa (mais preciso) ou em volume (menos preciso). Determinar que volume um resíduo de construção ocupa no espaço não é das tarefas mais fáceis. Isso porque influenciam esse volume ocupado pelo resíduo seu grau de compactação, a ocorrência ou não de vibração, as faixas granulométricas, a irregularidade dos grãos, a escala do recipiente etc. Uma das formas de tentar representar essa relação massa-volume é a propriedade *massa específica*, fruto da relação entre a massa do agregado seco (no caso, do resíduo de construção) e seu volume excluindo-se os poros permeáveis, em analogia ao que dispõe a norma Mercosul NM 52:2009. De acordo com a mesma norma, a *massa específica aparente* corresponde à relação entre a massa do agregado seco (no caso, do resíduo de construção) e seu volume incluindo-se os poros permeáveis.

Na área de gestão dos resíduos sólidos, o mais comum é utilizar o conceito *densidade aparente*, que corresponde à relação entre a massa e o volume ocupado pelos resíduos, incluindo seus vazios. O termo "aparente" indica que os resíduos são considerados no estado em que são vistos, pois compactados ocupariam menor volume e revolvidos atingiriam possivelmente maior volume, levando em conta os fatores que influenciam esse processo, como mencionado.

É justamente para representar tal alteração de volume ao longo do espaço-tempo que se criaram parâmetros de conversão. Assim, entre dois cenários de armazenamento de materiais de construção/resíduos, por exemplo um solo *in situ* e um escavado ou uma parede de tijolos e os mesmos tijolos empilhados, há um número que representa essa alteração a maior de volume que se denomina *fator de empolamento*. Caso ocorra redução de volume entre os cenários, fala-se então em *fator de contração*. A fim de ilustrar a questão, apresenta-se a Fig. 4.3.

Embora os fatores de empolamento e contração sejam mais utilizados para representar a variação volumétrica de solos durante atividades de corte e aterro

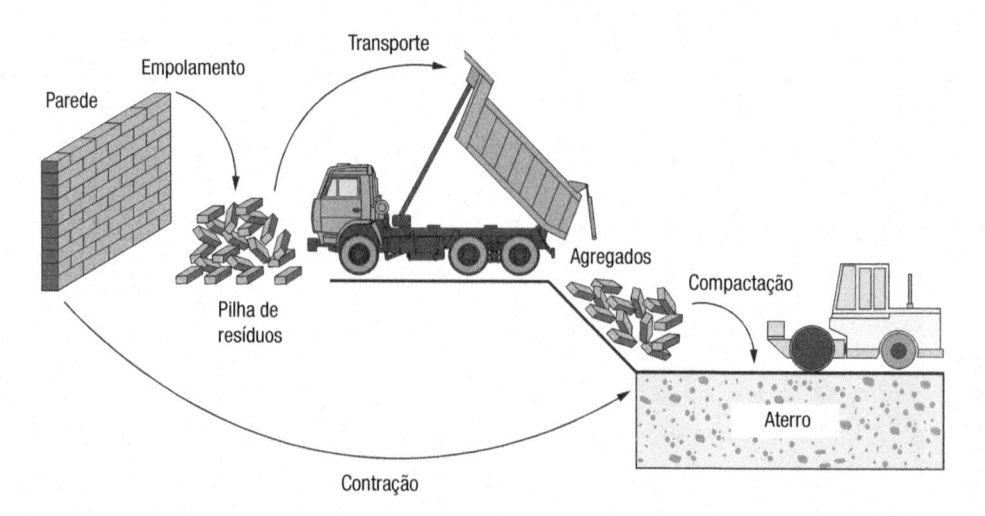

Fig. 4.3 *Contextualização do empolamento e da contração na área de resíduos da construção*

para terraplenagem, por analogia se poderia falar em empolamento e contração para outros tipos de material. Os valores de empolamento e contração são apresentados de modo relativo e expressam a variação percentual ou um fator (um multiplicador, que representa a relação entre volume original e volume solto ou volume solto e volume compactado, respectivamente), com usualmente duas casas decimais. Listam-se nas Tabs. 4.1 e 4.2 alguns percentuais e fatores de empolamento evidenciados na literatura.

Especificamente na área de resíduos, Llatas (2011 apud Cheng; Ma, 2013) apresenta essa alteração volumétrica com o nome de *fator de alteração de volume de resíduo* (*waste volume change factor* – F_{vol}). Os valores propostos pela autora são mostrados na Tab. 4.3.

Tab. 4.1 **Exemplos de percentuais de empolamento**

Material/elemento construtivo	Empolamento (%)
Rocha detonada	50
Solo argiloso	40
Terra comum	25
Solo arenoso seco	12
Alvenaria de blocos	100

Fonte: adaptado de Mattos (2006, 2019).

Tab. 4.2 **Exemplos de fatores de empolamento, contração e compactação**

Tipo de solo	Condições em que está	Convertido em		
		No local	Solto	Compactado
Areia	No local	1,00	1,11	0,95
	Solto	0,90	1,00	0,86
	Compactado	1,05	1,17	1,00
Terra comum	No local	1,00	1,25	0,90
	Solto	0,80	1,00	0,72
	Compactado	1,11	1,39	1,00
Argila	No local	1,00	1,43	0,90
	Solto	0,70	1,00	0,63
	Compactado	1,11	1,59	1,00
Rocha extraída por meio de explosivos, calcários e equivalentes, compactos	No local	1,00	1,50	1,30
	Solto	0,67	1,00	0,87
	Compactado	0,77	1,15	1,00

Fonte: Joinville (2015).

Tab. 4.3 Exemplos de fatores de alteração de volume de resíduo

Tipo de material	Fator de alteração de volume (F_{vol})
Concreto	1,1
Aço	1,02
Madeira	1,05
Vidro	1,05
Argamassa	1,1
Alvenaria	1,1

Fonte: Llatas (2011 apud Cheng; Ma, 2013).

Retornando à questão da densidade aparente, em razão das diversas tipologias e formas de acondicionamento e manejo, seus valores costumam variar bastante. Vasconcelos e Lemos (2015) calcularam a densidade aparente média de resíduos da construção civil em obras brasileiras como 267,08 kg/m³. Listam-se na Tab. 4.4 alguns outros valores característicos.

Tab. 4.4 Valores de densidade aparente de referência encontrados na literatura

Tipo de resíduo	Densidade aparente (kg/m³)	Local	Referência
Asfalto	2.456,1	Milwaukee (EUA)	Wastecap (2011)
Blocos/tijolos	1.682	Yazd (Irã)	Ansari e Ehrampoush (2018)
Borracha	33-210	Fortaleza (CE)	Silva e Santos (2010)
Concreto	2.402,8	Milwaukee (EUA)	Wastecap (2011)
	900	EUA	RCWM (1997 apud Branz, s.d.)
Concreto e argamassa	2.230	Yazd (Irã)	Ansari e Ehrampoush (2018)
Drywall	296,6	Milwaukee (EUA)	Wastecap (2011)
Entulho limpo	1.067,9	Kansas (EUA)	Bider (2010)
Entulho misturado	296,6	Kansas (EUA)	Bider (2010)
Entulho/caliça/inertes	605	Paranaguá (PR)	Geraldo Filho et al. (2019)
	830,5	Milwaukee (EUA)	Wastecap (2011)
	753,56	Belo Horizonte (MG)	Vasconcelos e Lemos (2015)
Fração orgânica do lixo	1.213	Fortaleza (CE)	Silva e Santos (2010)
Gesso acartonado	238	EUA	RCWM (1997 apud Branz, s.d.)
Gesso	818,4	Belo Horizonte (MG)	Vasconcelos e Lemos (2015)
Isopor	5,11	Belo Horizonte (MG)	Vasconcelos e Lemos (2015)
Latas e garrafas	29,7	Milwaukee (EUA)	Wastecap (2011)
Lixo comum	231	Fortaleza (CE)	Silva e Santos (2010)

Tab. 4.4 (continuação)

Tipo de resíduo	Densidade aparente (kg/m³)	Local	Referência
Madeira (sucata)	307	Paranaguá (PR)	Geraldo Filho et al. (2019)
	0,8	Yazd (Irã)	Ansari e Ehrampoush (2018)
	41	Fortaleza (CE)	Silva e Santos (2010)
	140,44	Belo Horizonte (MG)	Vasconcelos e Lemos (2015)
	178,0	Milwaukee (EUA)	Wastecap (2011)
	178	EUA	RCWM (1997 apud Branz, s.d.)
Madeira em chapas	200	EUA	RCWM (1997 apud Branz, s.d.)
Material vegetal (poda)	208	EUA	RCWM (1997 apud Branz, s.d.)
Madeira (*pallets*)	169,7	Milwaukee (EUA)	Wastecap (2011)
Papel (sucata)	58,67	Belo Horizonte (MG)	Vasconcelos e Lemos (2015)
	83	Paranaguá (PR)	Geraldo Filho et al. (2019)
Papel (sacarias, (embalagens de cimento)	63,11	Belo Horizonte (MG)	Vasconcelos e Lemos (2015)
Papel/papelão	266-400	Fortaleza (CE)	Silva e Santos (2010)
Papelão	38	EUA	RCWM (1997 apud Branz, s.d.)
	59,3	Milwaukee (EUA)	Wastecap (2011)
Papelão compactado	237,3	Milwaukee (EUA)	Wastecap (2011)
Papel/plástico	38	EUA	RCWM (1997 apud Branz, s.d.)
Plástico	87	Paranaguá (PR)	Geraldo Filho et al. (2019)
	43,56	Belo Horizonte (MG)	Vasconcelos e Lemos (2015)
	0,92	Yazd (Irã)	Ansari e Ehrampoush (2018)
Rejeitos	207,6	Milwaukee (EUA)	Wastecap (2011)
Resíduo orgânico	87	Paranaguá (PR)	Geraldo Filho et al. (2019)
Sucata metálica	253,78	Belo Horizonte (MG)	Vasconcelos e Lemos (2015)
	696	Paranaguá (PR)	Geraldo Filho et al. (2019)
	593,2	Milwaukee (EUA)	Wastecap (2011)
	63	EUA	RCWM (1997 apud Branz, s.d.)

Tab. 4.4 (continuação)

Tipo de resíduo	Densidade aparente (kg/m³)	Local	Referência
Sucata metálica ferrosa	3.825	Yazd (Irã)	Ansari e Ehrampoush (2018)
Sucata metálica não ferrosa	2.585	Yazd (Irã)	Ansari e Ehrampoush (2018)
Telhas e outros materiais cerâmicos	720	Yazd (Irã)	Ansari e Ehrampoush (2018)
Trapos (tecido)	192-261	Fortaleza (CE)	Silva e Santos (2010)
Vidro	25-100	Fortaleza (CE)	Silva e Santos (2010)
	1.348	Yazd (Irã)	Ansari e Ehrampoush (2018)

Complementando a informação, o governo da Bósnia e Herzegovina (2015) elaborou uma lista de referência em que detalha os valores de densidade aparente para alguns tipos de materiais de construção (Tab. 4.5), entre os quais se destacam os associados aos resíduos de construção e demolição (RCDs). O objetivo da lista foi padronizar a aquisição de informações, no contexto de aplicação da Lista Europeia de Resíduos Sólidos (LER).

Citam-se ainda os parâmetros levantados em uma obra portuária no município de Paranaguá (PR), em que se utilizou a pesagem das caçambas estacionárias como forma de aquisição de dados. Os resultados revelaram valores de densidade aparente média variável por tipo de material: 0,605 t/m³ para resíduos Classe A (Resolução Conama nº 307/2002); 0,307 t/m³ para sucata de madeira; 0,696 t/m³ para sucata metálica; 0,132 t/m³ para rejeitos Classe IIA; 0,083 t/m³ para sucata de papel e 0,087 t/m³ para sucata plástica (Nagalli; Geraldo Filho; Bach, 2020).

Em suma, deve-se compreender como os materiais de construção são afetados volumetricamente quando retirados de seu estado original. Tal entendimento é útil na definição da capacidade de estruturas de coleta, acondicionamento e armazenamento, além de impactar diretamente os custos com transporte e destinação final. Dessa forma, é recomendado que os cálculos de quantificação de resíduos de construção, em especial em obras de desconstrução/demolição, considerem os respectivos fatores de empolamento e densidade aparente dos resíduos.

Exercício

9 Defina um tipo (capacidade) de caçamba estacionária. Para o tipo escolhido, calcule quanto pesarão os resíduos de cada caçamba cheia se esta for preenchida com: i) resíduos de concreto (1,6 t/m³); ii) isopor (0,02 t/m³); iii) solo

Tab. 4.5 Valores orientativos de densidade aparente elaborados pelo governo da Bósnia e Herzegovina (2015)

Tipo de resíduo	Densidade aparente (t/m³)	Tipo de resíduo	Densidade aparente (t/m³)
Areia quartzosa	1,201	Granito quebrado	1,602
Areia a granel	1,448	Lama seca	1,762
Areia seca	1,602	Lama umedecida	1,922
Areia úmida	1,922	Lodo de esgoto	0,721
Argamassa de cimento	2,323	Lodo de esgoto seco	0,561
Argamassa endurecida	1,65	Materiais asfálticos de pavimentação quebrados	0,001
Argila seca	1,906	Pedra ou cascalho	1,57
Asfalto triturado	0,721	Quartzo em pedaços	2,643
Cal hidratada	0,481	Resíduos de concreto a granel	1,101
Cal em pedaços	2,643	Rocha a granel	1,525
Cal fina	1,599	Rocha britada	1,602
Cascalho a granel	1,522	Rocha em pedaços grandes	1,602
Cera	0,969	Sabão em pedaços	0,288
Cimento a granel	1,602	Sabão em pó	0,368
Cinzas de madeira	0,769	Seixos úmidos	1,762
Concreto	1,602	Solo/barro arenoso disperso	1,419
Detritos de telha asfáltica	0,248	Solo enlameado	1,73
Escória em fragmentos	1,185	Solo úmido contendo argila	1,682
Fibra de vidro de isolamento dispersa	0,01	Telhas cerâmicas a granel	0,72
Gesso em placa	2,275	Tijolos inteiros	1,89
Gesso em pó	1,121	Vidro em placa	2,755
Gesso úmido	2,403	Vidro de janela	2,515
Granito em bloco	2,403	Vidro quebrado	1,442

(1,7 t/m³); iv) sucata metálica (0,13 t/m³); v) sucata de madeira (0,7 t/m³); vi) resíduos de telhas cerâmicas (0,72 t/m³).

4.3 Classificação dos agentes geradores

A legislação federal é omissa em relação à forma de classificação dos agentes geradores de resíduos. Por outro lado, a Lei de Resíduos Sólidos (Lei Federal nº 12.305/2010) especifica que deve haver critérios de gestão diferenciados para microempresas e empresas de pequeno porte. Some-se a isso a incapacidade de os órgãos gestores públicos procederem a todas as ações fiscalizatórias que desejam, de modo que se tornou habitual segregar os agentes geradores de RCDs em duas categorias: grandes geradores e pequenos geradores.

Ocorre que, em razão da omissão normativa nacional, os gestores municipais se veem na obrigação de legislar sobre a matéria, definindo cada um esse limiar entre um pequeno e um grande gerador. De uma categoria para outra, diferenciam-se sanções (multas), procedimentos de coleta e ritos administrativos (de apresentação de projetos de gerenciamento de resíduos, por exemplo). Todavia, tal autonomia normativa municipal leva à situação de divergência de parâmetros, correspondendo o pequeno gerador a um conceito diferente em cada municipalidade. No município de Curitiba, por exemplo, pequenos geradores são pessoas físicas ou jurídicas que, em até dois meses, produzem a quantidade máxima de 2.500 L ou 2,5 m³ de RCDs (Curitiba, 2004). Belo Horizonte define que pequeno gerador é aquele que descarta até 2 m³/dia de RCD (Lowen; Nagalli, 2020). Já no município de São Paulo, apenas para ilustrar a questão, equivalem aos

> proprietários, possuidores ou titulares de estabelecimentos públicos, institucionais, de prestação de serviços, comerciais e industriais, dentre outros, geradores de resíduos sólidos inertes, tais como entulhos, terra e materiais de construção, com massa superior a 50 (cinquenta) quilogramas diários, considerada a média mensal de geração, sujeitos à obtenção de alvará de aprovação e/ou execução de edificação, reforma ou demolição. (São Paulo, 2007).

Em resumo, há na ótica da gestão municipal de resíduos duas categorias de geradores, os pequenos e os grandes. Dos grandes geradores são exigidas iniciativas próprias de gerenciamento, tais como a contratação de serviços de transporte e destinação, a elaboração e a apresentação de documentos (projetos, relatórios), além do custeio de todo o processo. Aos pequenos geradores são concedidos incentivos e serviços (de coleta e destino, por exemplo), custeados pelos contribuintes, como estratégia de conscientização e como solução para a informalidade característica. Ocorre que os pequenos geradores são maioria (50% a 60%) em termos de quantidade total de resíduos de construção gerados nos grandes centros. Em pequenos municípios, essa proporção é ainda maior.

No entanto, por suas características (tradicionalmente informais, com geração de resíduos distribuída e por curto período), há séria dificuldade de fiscalização do processo, quer por falta de estrutura dos órgãos públicos, quer pela própria dinâmica do processo gerador, como identificou Lowen (2019).

A educação ambiental de pequenos e grandes geradores de resíduos sólidos é outro obstáculo a ser transposto pela administração pública brasileira. As poucas campanhas educativas não vêm se mostrando capazes de conscientizar a população e os prestadores de serviço para dar cumprimento à legislação. Observa-se ainda que os sítios eletrônicos das prefeituras municipais, quando existem, sequer têm sido capazes de prover informações/orientações mínimas à população. Lowen e Nagalli (2020), ao investigar os sítios eletrônicos das prefeituras municipais das capitais brasileiras e do Distrito Federal, observaram que a oferta de informações está aquém da necessária. O sítio eletrônico da prefeitura de Porto Alegre atingiu o maior grau de conformidade (71%), enquanto os sítios eletrônicos das prefeituras de Cuiabá e de Rio Branco atingiram o menor grau de conformidade (5%). Dessa forma, observa-se a necessidade de as prefeituras municipais brasileiras organizarem-se para suprir os munícipes de informações mínimas para uma adequada gestão dos resíduos.

4.4 Parâmetros que influenciam a geração de resíduos

A geração de resíduos de construção e de demolição é influenciada por diversos fatores. Pesquisadores vêm estudando em diversos contextos essa questão, tendo identificado fatores intrínsecos e extrínsecos às obras. De maneira geral, influenciam a geração dos resíduos as características do empreendimento a construir/demolir (geometria, materiais de construção, processos construtivos etc.), os recursos humanos (tamanho das equipes de trabalho, produtividade, capacitação e treinamento), os aspectos de gestão (monitoramento, fiscalização e organização do canteiro de obras), as iniciativas de reaproveitamento de resíduos e aspectos correlatos (forma de entrega dos materiais e tipos de embalagem, por exemplo). O reaproveitamento de resíduos faz sentido em uma abordagem em que se considera a obra um sistema fechado, e, uma vez que os resíduos são internamente aproveitados, deixam de necessitar de alternativas para destinação externa. Nessa lógica, Fadiya, Georgakis e Chinyio (2014) identificaram os principais fatores que dão causa à geração de resíduos, conforme apresentado no Quadro 4.3.

É importante destacar a diferença entre perda e desperdício nesse contexto. *Perda* corresponde a um mau aproveitamento do material de construção, quer

Quadro 4.3 Aspectos originários da geração de resíduos de construção

Fontes de resíduos	Causas
Erro na aquisição dos materiais	Erro de pedido, erro de fornecedor
Projeto	Mudanças no projeto, erro na documentação
Manuseio dos materiais	Perdas no transporte e na descarga, armazenamento inadequado
Operação	Retrabalho
Condições climáticas	Umidade, temperatura
Vandalismo	Segurança insuficiente
Extravio	Material perdido, abandonado
Residual, restos	Cortes de diversos tamanhos de materiais
Outros	Falta de um plano para gestão dos resíduos

Fonte: Fadiya, Georgakis e Chinyio (2014).

por inadequação técnica (material fora de especificação, imperícia no transporte ou na instalação de um material), quer por desperdício. *Desperdício* equivale a um mau planejamento no processo de aquisição de materiais, em que se adquire quantidade superior à necessária para a execução do serviço, dando origem às *sobras*. Dessa forma, os resíduos de construção civil abrangem todo tipo de material originado em canteiros de obras que não possui serventia ao construtor/demolidor, em decorrência tanto de perdas quanto de desperdícios.

Segundo Projeto Competir et al. (s.d.), as perdas podem ser classificadas segundo sua natureza, conforme indicado no Quadro 4.4.

No que concerne aos resíduos de demolição, Chen e Lu (2017) investigaram a partir de *big data* os fatores que influenciam a geração desses resíduos. Os autores identificaram fatores internos (custos de demolição e duração) e fatores externos (nível de desenvolvimento regional, tipo de construção e natureza público-privada de desenvolvimento) que influenciam significativamente essa geração.

4.5 Caracterização e composição

Os resíduos de construção e de demolição são tipicamente heterogêneos, constituídos por materiais diversos. Isso porque as construções são fabricadas com grande diversidade de materiais, algumas vezes compósitos de materiais, e cuja separação durante os processos de desagregação ou de construção nem sempre é facilitada. A ausência de procedimentos adequados de gestão de resíduos propiciou uma cultura do setor em que a prática é "se livrar" dos rejeitos de obra, cultura essa em processo de transformação para atendimento aos dita-

Quadro 4.4 Classificação das perdas segundo sua natureza

Natureza	Exemplo	Momento de incidência	Origem
Superprodução	Produção de argamassa em quantidade superior à necessária para um dia de trabalho	Produção	Planejamento: falta de procedimentos de controle
Manutenção de estoques	Deterioração da argamassa estocada	Armazenamento	Planejamento: falta de procedimentos referentes às condições adequadas de armazenamento
Transporte	Condições inadequadas para transporte	Recebimento, transporte, produção	Gerência da obra: falha no planejamento de meios para executar o transporte de materiais
Movimentos	Tempo excessivo de deslocamento devido às grandes distâncias entre os postos de trabalho	Produção	Gerência da obra: falta de planejamento das sequências de atividades e dos postos de trabalho
Espera	Parada na execução dos serviços por falta de material	Produção	Suprimentos: falha na programação de compras
Fabricação de produtos defeituosos	Espessuras de lajes e vigas diferentes das especificadas em projeto	Produção, inspeção	Projeto: falhas no sistema de fôrmas utilizado
Processamento em si	Necessidade de quebrar uma laje depois de pronta para passagem de instalações	Produção	Planejamento: falhas no sistema de controles. Recursos humanos: falta de treinamento dos funcionários
Substituição	Substituição do acabamento em pintura especificado em projeto por acabamento em pastilha cerâmica	Produção	Suprimentos: falha na programação de compras. Planejamento: falhas no sistema de controles

Fonte: Projeto Competir et al. (s.d.).

mes legais. O próprio jargão do setor remonta a isso quando se caracterizam tais rejeitos como "caliça", "entulho" ou "metralha", que não representam por si nenhum material específico, mas um conjunto de materiais indesejáveis. Assim, na medida do possível, tais expressões devem ser substituídas por designações tecnicamente mais adequadas, que expressem ou a classificação dos resíduos (Classes A, B, C e D da Resolução Conama n° 307/2002 ou Classes I, IIA e IIB da NBR 10004:2004), ou sua constituição propriamente dita (sucata metálica não ferrosa, sucata de madeira, solos, concreto etc.). A mera designação específica favorece a percepção pelos trabalhadores do setor de que é necessário o adequado enquadramento para favorecer a gestão.

A característica heterogênea dos resíduos de construção civil faz com que materiais fabricados a partir desses resíduos assumam comportamento mecânico tipicamente anisotrópico, o que demanda controles tecnológicos para sua utilização. A fim de ilustrar tal variação composicional, apresentam-se na Fig. 4.4 alguns resultados de caracterizações realizadas por pesquisadores.

Da análise desse gráfico depreende-se que mesmo a fração mineral apresenta composição significativamente variável. Atribui-se tal variação a diversos aspectos, entre os quais aspectos regionais e culturais que levam construtores e projetistas a especificar e utilizar materiais de construção disponíveis em sua rede de fornecedores, influenciados por hábitos e capacitação da mão de obra locais. Por óbvio, a composição dos resíduos também depende da constituição

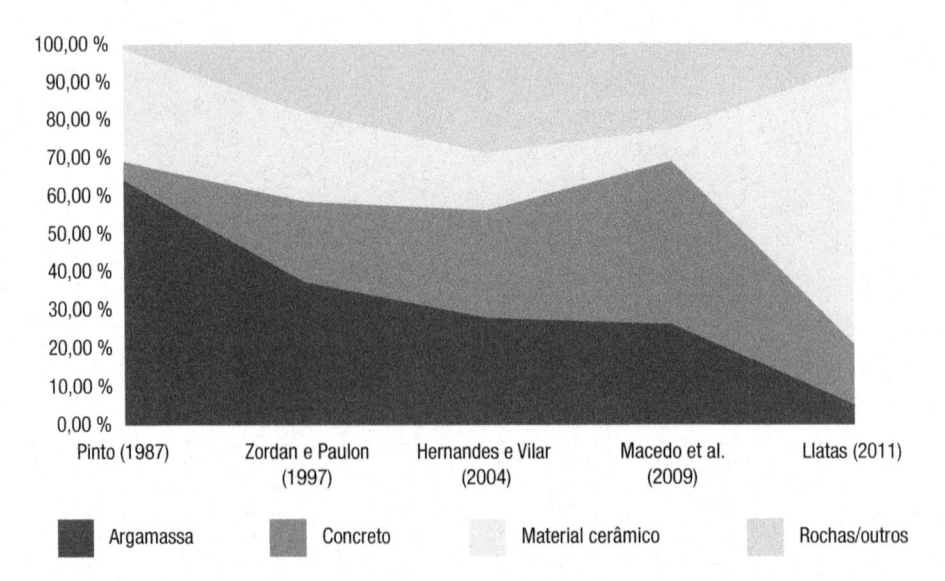

Fig. 4.4 *Variação da composição da fração mineral dos resíduos de construção*

dos elementos construtivos desagregados e da fase executiva de obra. Por exemplo, se forem levantadas composições de resíduos de construção em países com outras culturas construtivas, como Estados Unidos, Japão e países europeus, será observada uma maior frequência de resíduos associados a painéis de madeira (*woodframe*) ou de aço (*steelframe*) que no Brasil. A composição também pode variar ao longo da história, tendo-se como exemplo a geração de resíduos de gesso, que há 30 anos era raríssima e em pequenas quantidades nas obras brasileiras e atualmente é expressiva.

É importante frisar que a maior parte dos estudos científicos não costuma incluir os resíduos de escavação de solos no cálculo dos levantamentos de composição dos resíduos ou ainda em processos de quantificação destes. Os resíduos de terraplenagem costumam ter seus dados trabalhados à parte, o que muitas vezes mascara sua importância no processo de gestão, uma vez que o habitual é serem dispostos diretamente sobre o solo, podendo incorrer em impactos ambientais diretos.

Dessa variabilidade composicional emerge a importância da segregação correta e na fonte dos resíduos de construção e de demolição, pois a qualidade dos processos de beneficiamento e do reaproveitamento desses materiais depende disso. A partir dessa análise preliminar, serão então discutidos aspectos relativos à caracterização e à composição dos resíduos de construção civil afetos a algumas fases de obra, com vistas a ilustrar a complexidade de cada processo gerador e as dificuldades associadas à sua quantificação.

4.5.1 Mobilização, instalação de canteiro e serviços preliminares

A escolha do local de implantação de um canteiro de serviços pode impactar significativamente a geração de resíduos. Isso porque pode demandar remoção de vegetação e de camada superficial de solo, nivelamento de terreno, eventual remoção de passivos ambientais (pilhas de rejeitos outrora depositados), além das próprias construções provisórias (escritórios, almoxarifado, oficinas, vestiários, unidades de preparo de materiais, tais como centrais dosadoras-misturadoras de concreto e usinas de solos ou asfaltos, pontos de abastecimento de combustíveis, centrais de armadura, carpintaria, estandes de venda etc.). Em geral, quanto maiores as obras, mais complexas as estruturas. Por exemplo, em obras de grandes barragens, parques eólicos ou outras obras isoladas dos centros urbanos, não raramente os trabalhadores precisam utilizar alojamentos junto às obras ou nas imediações.

Exigências dos órgãos ambientais vêm demandando que as camadas superiores removidas em processo de limpeza dos terrenos sejam estocadas para sua posterior utilização na recuperação ambiental do local. Esse é apenas um exemplo de um resíduo que não será computado para fins de descarte, mas sua quantificação enquanto estrutura de armazenamento temporário revela-se importante. É preciso organizar o *layout* do canteiro de tal forma que todas as demandas sejam consideradas.

No caso de supressão vegetal com remoção de árvores, o processo de quantificação de resíduos é também essencial, pois no Brasil há ritos administrativos junto aos órgãos ambientais que demandam essa informação para seu rastreio, trânsito e remessa. Por exemplo, para a emissão do Documento de Origem Florestal (DOF) é necessário determinar a quantidade de lenha/madeira obtida durante a supressão, e essa informação será utilizada ao longo de toda a cadeia de transferência do produto. O método mais adotado no setor é a cubagem, em que se forma uma pilha de material e medem-se suas dimensões, calculando-se o respectivo volume. O nome "cubagem" remete à formação de um cubo de material, o que supostamente facilitaria o cálculo do volume, mas, na prática, as pilhas de material podem assumir qualquer formato para a determinação de seu volume.

Escolha importante no processo de geração de resíduos é a dos materiais de construção das estruturas que integram o canteiro. Cada vez mais as obras vêm utilizando contêineres metálicos para uma rápida mobilização, como no escritório de obra mostrado na Fig. 4.5. Na ótica dos resíduos, a utilização de contêineres é positiva na medida em que a estrutura é reutilizável, ou seja, ao final da obra os contêineres são removidos e levados a outro canteiro. No entanto, as condições de conforto ambiental dessas estruturas boa parte das vezes estão aquém das necessárias. Quando não dispõem de sistemas de isolamento termoacústico, tais contêineres costumam ser adaptados no próprio canteiro, valendo-se de chapas de EPS (isopor) ou de madeira (compensado, OSB etc.), além de sistemas de condicionamento de ar (ar-condicionado), para propiciar condições mínimas de ocupação. Assim, se em primeira análise os contêineres parecem uma opção ambientalmente amigável, em análise mais aprofundada se percebem diversos impactos ambientais associados.

Por outro lado, edificações provisórias construídas com chapas de madeira, sujeitas às intempéries, dificilmente possibilitam reaproveitamento futuro, sendo descartadas ou encaminhadas para aproveitamento energético (queima). Nessa mesma linha, prática cada vez mais utilizada nas obras urbanas é a adoção de tapumes metálicos para o isolamento dos canteiros. Quando comparada ao

Fig. 4.5 *Escritório administrativo e ambulatório em canteiro de obras construídos com contêineres metálicos*

uso de tapumes de madeira, suas vantagens são maior durabilidade e possibilidade de reaproveitamento, resultando em vantagem econômica.

Outras medidas de controle ambiental podem também repercutir na geração de resíduos sólidos. Ao instalar oficinas mecânicas, pontos de abastecimento de combustíveis ou centrais para resíduos perigosos, é tecnicamente necessário que esses locais disponham de pisos impermeáveis, cobertura com telhado e estruturas para contenção de eventuais derramamentos ou acidentes, tais como caixas separadoras água-óleo e bacias de contenção, e sua implantação gera resíduos. O mesmo ocorre durante a implantação de unidades de tratamento e de descarte de esgotos sanitários, tipo tanques sépticos e sumidouros.

Ou ainda, como parte dos serviços de mobilização para execução da obra, também produzem resíduos os serviços preliminares de colocação da placa de obra, execução das ligações provisórias de água, esgoto, energia elétrica e telefone, isolamento do canteiro (cerca/tapume), montagem da grua, montagem de elevador de obra, execução de bandejões de segurança fixos e móveis, entelamento de edificações, colocação de balancim, locação das fundações e outras atividades correlatas.

A dinâmica de mobilização de obra é usualmente intensa no Brasil, o que demanda planejamento de uma estrutura versátil, capacitação dos trabalhadores e rotinas de fiscalização para um gerenciamento efetivo dos resíduos sólidos. Não se costuma ter tempo hábil para um planejamento adequado e detalhado dos trabalhos, e, tanto em obras públicas quanto privadas, o que costuma impor o cronograma executivo é a disponibilidade dos recursos financeiros.

A implantação dessa estrutura prévia à obra é peculiar no sentido de que ela precisa se autossustentar na questão da gestão dos resíduos, pois a estrutura de gerenciamento de resíduos ainda está em processo de aquisição/implantação.

Topógrafos e auxiliares, operadores de equipamentos pesados e outros trabalhadores geram resíduos de alimentação, de utilização de sanitários, EPIs, embalagens etc., antes mesmo de as respectivas estruturas de coleta estarem disponíveis. Dessa forma, deve-se pensar em estruturas de pequeno porte, móveis e versáteis, que permitam a coleta, a segregação e a destinação adequadas desses resíduos. É uma fase importante no processo de organização do sistema de gestão de resíduos e de conscientização ambiental, pois, à medida que os demais trabalhadores ingressam nas rotinas de obra, percebem o funcionamento prévio desse sistema e buscam se adaptar. Do contrário, os trabalhadores tendem a encontrar um canteiro desorganizado, sem regras voltadas à segregação e à coleta dos resíduos, e dificilmente colaborarão para a manutenção de um ambiente tecnicamente adequado.

As técnicas de quantificação de resíduos dessa fase de obra são as mesmas utilizadas para as demais fases, a serem vistas no Cap. 5. Devem ser identificados os materiais de construção e os processos construtivos, e pode-se inferir suas quantidades através dos métodos disponíveis na literatura aplicáveis a edificações ou por meio de taxas de geração, como adiante se demonstrará. A maioria dos resíduos dessa etapa é reciclável.

4.5.2 Atividades administrativas e de alimentação

As atividades administrativas de obra incluem elaboração de diários de obra, adequação e revisão de projetos, plotagem, contatos e orçamentos, pagamentos, processos de admissão e demissão de funcionários, compras e recebimento de materiais, fiscalização, gestão propriamente dita, entre outras. Tais atividades tipicamente geram resíduos análogos aos resíduos sólidos urbanos domiciliares, como material de escritório, principalmente papéis.

A forma usual de prever a quantidade de resíduos da estrutura administrativa é por meio de indicadores de geração *per capita*. Definida a população de projeto, devidamente categorizada entre população fixa e variável, pode-se arbitrar a respectiva taxa de geração para fins de planejamento da gestão. Levando em conta que a geração *per capita* de resíduos sólidos urbanos em uma habitação brasileira é da ordem de 1 kg por habitante por dia e que nela são realizadas atividades diversas, em um escritório as taxas de geração são significativamente inferiores, da ordem de 10% a 20% desse valor. Costuma-se adotar 0,2 kg/hab/dia como indicador de geração médio para a população fixa e 0,1 kg/hab/dia para a população variável/flutuante. Considera-se população variável/flutuante aquela não habitual na estrutura de escritórios, tais como fornecedores, motoristas, pessoas que utilizam a estrutura para uma reunião etc. Os funcionários do setor administrativo integram a população fixa.

Desse material, é razoável considerar que metade seja reciclável (papéis, copos plásticos, embalagens etc.) e a outra metade, não reciclável (papel higiênico usado, borra de café, resíduos de alimentação etc.). Sempre que possível, deve ser incentivado o aproveitamento de resíduos orgânicos de alimentação, por exemplo pela compostagem. Em havendo cozinha como parte integrante da estrutura de obra, tais indicadores podem precisar ser revistos. Os indicadores citados incluem uma pequena cozinha para preparo de café e atividades de alimentação de poucos trabalhadores por meio de marmitas, ou seja, sem preparo de alimentos no local. Caso exista preparo de refeições para todos os trabalhadores no ambiente de obra, esses indicadores *per capita* costumam variar de 0,3 a 0,6 kg/hab/dia, devendo a estrutura ser adaptada a essa demanda. Nesse caso, os resíduos orgânicos passam a representar cerca de 60% a 80% do total de resíduos gerados nas atividades administrativas.

As quantidades de resíduos em áreas administrativas podem ser fortemente impactadas por simples práticas de gestão. Por exemplo, a adoção de bebedouros ou canecas no consumo de bebidas (água, café) em detrimento de copos plásticos (o Brasil produz cerca de cem mil copos por ano) reduz significativamente a geração de resíduos sólidos. Pode-se citar também a logística reversa, em que os resíduos sólidos (embalagens ou lâmpadas, por exemplo) são restituídos aos fabricantes, ainda em fase embrionária de implantação no setor da construção.

4.5.3 Escavação e terraplenagem

As atividades de obra que, em termos quantitativos, mais geram resíduos são as de escavações e de terraplenagem. São comuns nos mais diversos tipos de obra, como barragens, estradas, ferrovias, edificações, redes de saneamento, entre outros. Basicamente, os resíduos associados são constituídos por solos e rochas, oriundos do processo de movimentação de materiais. Tal movimentação é, na maioria das vezes, decorrente da atuação de equipamentos mecânicos, mas pode também provir de desmontes com o uso de explosivos. No caso de obras de edifícios, essas atividades estão geralmente associadas à construção de subsolos, por exemplo para garagens.

O volume de material associado a essa movimentação varia em função das condições topográficas e geológicas locais, tais como relevo, tipos de solo, fatores de empolamento e profundidade do lençol freático, além das características de projeto (execução de subsolos, rampas, taludes, projeto geométrico etc.).

Tal variação é tamanha que a maioria dos modelos de predição de resíduos de construção para edificações disponíveis na literatura sequer os considera como resíduos de construção, delegando a responsabilidade de sua quantificação para o projetista, para que a realize à parte.

No caso de escavações para a execução de subsolos, por exemplo, há que se considerar ainda os resíduos associados às estruturas de escoramento, em geral metálicas (com cravação de perfis metálicos) ou em concreto, podendo existir também em madeira.

Dependendo da condição de suporte do solo, pode ser necessária também sua substituição por material de melhor qualidade (comum em obras viárias de estradas, ferrovias, portos e aeroportos, por exemplo), caso em que a geração de resíduos aumentará. Estudos geológicos e geotécnicos devem ser procedidos preliminarmente visando identificar tais demandas.

Os resíduos gerados nas atividades de escavação e de terraplenagem são, na maior parte das vezes, utilizados como matéria-prima para a preparação de aterros em outros locais. Assim, a depender do enfoque dado, tais materiais podem ou não ser considerados resíduos. Se, por um lado, esses materiais não têm serventia ao gerador, sendo assim considerados resíduos, por outro, na ótica do destinatário, o fato de serem usados como insumo para a construção de aterros torna tais materiais simples matéria-prima.

Outro aspecto que impacta diretamente a quantidade de resíduos gerada é a variação volumétrica entre as situações natural, "solta" (pós-escavação) e compactada. Em processos de quantificação de resíduos, deve-se considerar os fatores de variação volumétrica discutidos na seção 4.2. Quando escavados de sua condição natural, compactados ou confinados, os solos e as rochas tendem a aumentar significativamente de volume. Essa variação volumétrica precisa ser considerada quando do dimensionamento da frota de transporte e no processo de disposição no destinatário dos resíduos, pois usualmente esses materiais são lançados em camadas e são aplicadas técnicas de compactação mecânica (com espalhamento por meio de tratores de esteiras e compactação com rolos compactadores lisos e/ou corrugados).

4.5.4 Fundações e infraestrutura

Os serviços de execução de fundações e de infraestrutura geram diversos resíduos, dependendo da técnica construtiva adotada. Por exemplo, no caso de edificações, soluções em fundações rasas, tipo radier ou sapatas, em geral demandarão materiais como concreto, aço e brita para a execução de lastros e madeira ou metais para a confecção de formas, além dos solos extraídos durante os processos de implantação/escavação das estruturas.

Já as fundações profundas de edifícios (estacas escavadas, tubulões, hélice contínua etc.), além dos materiais anteriormente citados, podem também utilizar lama bentonítica no processo de execução das escavações. O uso desse material destina-se a garantir a estabilidade geotécnica dos fustes das estacas (ou tubulões) durante o processo de perfuração, impedindo desmoronamentos ou grandes aportes de material para o interior das estacas, sendo a lama substituída por concreto ou outro material equivalente logo após a conclusão da escavação (em função dos pesos específicos dos materiais envolvidos). É comum, portanto, essa lama ser "contaminada" por solo durante esse processo de substituição, requerendo tratamento específico para seu reúso.

As bentonitas são argilominerais que possuem uma ponte catiônica que pode variar entre sódio, cálcio e magnésio, sendo as bentonitas sódicas utilizadas na execução de fundações (estacas escavadas com auxílio de lama, paredes diafragmas e barretes). Na reciclagem, a lama é conduzida por um equipamento denominado *reciclador*, onde é decantada e retorna aos silos de armazenamento para reúso, enquanto o material da reciclagem é descartado em caminhões basculantes, da mesma maneira que o material oriundo da escavação também é descartado. Esse processo reduz a quantidade de lama a ser utilizada na obra, pois aumenta significativamente a possibilidade de sua reutilização (Alonso, 2010).

Depois de algum tempo de reúso, a lama deve ser descartada. Nesse caso, ela não pode ser jogada em qualquer aterro, porque, mesmo sendo um material inerte, ela é impermeabilizante, não atendendo, portanto, à Classe IIA da norma NBR 10004 (ABNT, 2004a) (Alonso, 2010).

Segundo Alonso (2010), para resolver esse problema, a lama precisa ser tratada, tornando-se própria para ser lançada em aterros geralmente utilizados para descarte, como os da Classe IIA. Esse tratamento é feito com a utilização de um *floculador*, onde é adicionado um material floculante inorgânico à lama.

Após a decantação, a água resultante pode ser utilizada na obra para a lavagem de pneus, ruas, equipamentos etc., reduzindo dessa maneira a quantidade de água consumida na obra quando comparada com o processo anterior, em que o floculador não era empregado. O material decantado atende à Classe IIA da norma NBR 10004 (ABNT, 2004a) e pode ser lançado em aterros regulares (Alonso, 2010).

Fundações de outros tipos de obras, tais como cais portuários, apresentam geração de resíduo análoga, uma vez que os processos de escavação, cravação e/ou arrasamento de estacas ou camisas de revestimento mostram-se similares. No aspecto quantitativo de geração, deve-se estar atento às possibilidades de reaproveitamento (ainda que parcial) dessas estruturas (tramos de estacas, pedaços de camisas metálicas etc.), pois repercutem diretamente na geração total de resíduos. Por exemplo, em uma obra de ampliação de cais portuário na cidade de Paranaguá (PR), foram reaproveitadas camisas metálicas utilizadas em processos de cravação. Os tramos decorrentes do processo de arrasamento eram segregados, analisados, classificados e, na medida da viabilidade técnica, emendados para dar origem a novas camisas metálicas. Nessa mesma obra, tramos de estacas cravadas em concreto provenientes do processo de arrasamento eram cominuídos e usados como agregados na confecção de aterros. Considerando que nessa obra foram utilizadas 311 camisas metálicas de 32,1 m de comprimento médio e 7.424 estacas em concreto armado com 32,6 m de comprimento médio, nota-se o impacto da adoção dessas medidas.

Uma peculiaridade pode estar associada às escavações de fundações em locais potencialmente contaminados, tais como áreas de antigos postos de combustíveis, áreas contaminadas (natural ou antropicamente) em geral, fundos de baías, leitos de rios etc. Trata-se da eventual necessidade de caracterização (principalmente química) do solo/sedimento/material escavado, visando à adequada destinação final. Com impacto significativo sobre os custos associados à destinação, é necessário o correto prognóstico quantitativo desses resíduos.

O processo de quantificação dos resíduos de solos e rochas dessa etapa é similar ao descrito para as escavações e a terraplenagem, devendo ser aplicados os devidos fatores de variação volumétrica da seção 4.2. Quanto aos demais materiais (madeira, metais, embalagens), podem ser aplicados os métodos apresentados no Cap. 5.

4.5.5 Superestrutura

Considerando as diferentes possibilidades construtivas e arquitetônicas de uma obra, destacam-se os resíduos associados aos tipos mais comuns de superestrutura evidenciados em obras brasileiras. Tradicionalmente, no Brasil, a forma mais comum de executar a superestrutura de um edifício, terminal portuário, ponte ou viaduto é utilizando-se concreto armado. O uso do concreto armado congrega características de boa resistência mecânica, durabilidade, custo relativamente baixo e possibilidade de utilização de mão de obra fartamente disponível no mercado, além de permitir a moldagem de elementos estruturais em diferentes formas e tamanhos.

O concreto armado, ao incorporar agregados graúdos e miúdos, aglomerantes, água e eventualmente aditivos, gerará resíduos desses mesmos materiais. Torna-se cada vez mais comum o uso de peças pré-fabricadas de concreto armado, outrora moldadas in loco, em um processo de industrialização do setor. A pré-fabricação das peças de concreto armado facilita o gerenciamento dos resíduos associados aos processos de concretagem, uma vez que possibilita uma cadeia produtiva com menor diversidade de resíduos e sua consequente contaminação, além de propiciar maior aproveitamento de formas. Esses moldes, tradicionalmente de madeira, vêm sendo substituídos por formas metálicas ou plásticas, repercutindo de maneira positiva na questão do volume de resíduos gerados nas obras.

Há que se considerar que as formas de madeira por vezes recebem a aplicação de substâncias que visam facilitar o processo de desmoldagem das peças de concreto. Nesses casos, citando-se como exemplo o emprego de óleo lubrificante usado (ou açúcares) como desmoldante, pode haver contaminação química das formas, inviabilizando certos processos de reciclagem dessa madeira.

No Brasil, os dispositivos que dão suporte temporário aos elementos que integram a superestrutura, tais como pilares, lajes e vigas, denominados cimbramento (sistema de escoramento), são comumente executados em madeira, especialmente em pequenas obras de edificações. A madeira também é utilizada como material de escoramento em obras de viadutos ou pontes, em razão de sua versatilidade (permitindo diferentes comprimentos e configurações em margens naturais, de conformação variável, por exemplo) ou ainda de sua oferta/disponibilidade em locais afastados de centros urbanos. Em obras de edifícios de maior porte, o mercado brasileiro de construção vem buscando adotar sistemas mais limpos (na ótica dos resíduos) e rápidos (no sentido de que possibilitam maior organização da obra e reduzem o tempo de montagem) pelo emprego de escoras metálicas. Seu uso, algumas vezes, esbarra na questão do custo.

Uma vez que o cimbramento demanda projeto executivo específico, a geração dos resíduos a ele associados dependerá basicamente da quantidade de material utilizada e da possibilidade ou não de reaproveitamentos sucessivos dos elementos estruturais (escoras, contraventamentos etc.).

4.5.6 Impermeabilizações

Em construções, disciplinar o fluxo de líquidos ou gases por vezes é necessário, seja na impermeabilização de áreas úmidas de banheiros, bacias de contenção de sistemas de armazenamento de líquidos potencialmente poluidores, sistemas de abastecimento, silos ou tanques de armazenamento, piscinas etc. Um material de construção hidrofóbico de uso corriqueiro é o asfalto. A depender de seu estado físico, decorrente principalmente da temperatura de manuseio, ele pode induzir a geração de resíduos perigosos (nos termos da NBR 10004:2004). Trata-se de materiais de aplicação, equipamentos de proteção, embalagens de produtos asfálticos e sobras de materiais, entre outros. A geração desses resíduos costuma ser reduzida e, apesar de existirem diretrizes específicas para sua destinação final, o processo de quantificação é análogo ao dos resíduos não perigosos, consoante os métodos propostos no Cap. 5.

4.5.7 Coberturas

Diversas técnicas arquitetônicas podem ser empregadas como solução para a cobertura de edifícios. Assim, as coberturas podem contemplar telhados, terraços, caixas-d'água, bases para sistemas de comunicação (antenas), além de floreiras, calhas, rufos em chapas galvanizadas etc. Desse modo, dependendo da concepção do empreendimento, os resíduos necessitarão ser avaliados. Trata-se em geral de resíduos Classes A ou B, os quais podem ser retornados aos fabricantes ou prestadores de serviços e cujas sobras podem ser encaminhadas para reciclagem.

4.5.8 Execução de alvenarias, revestimentos e instalações prediais

A etapa construtiva de alvenarias, e de seu processo de acabamento, é tido como o grande vilão da área de geração de resíduos. De certa maneira, é também excelente oportunidade para que a racionalização dos processos construtivos possa impactar de modo positivo a quantidade de resíduos gerados (para menos).

Além dos blocos ou tijolos cerâmicos ou de concreto que compõem a alvenaria, os revestimentos internos, de paredes ou tetos usualmente empregados são: pisos e azulejos cerâmicos (especialmente nas áreas molhadas), ladrilhos de mármores e granitos assentados com argamassa ou grampos, além de chapisco, emboço, reboco e pintura. É também comum o uso de gesso desempenado após a preparação da alvenaria, inclusive em tetos.

Quanto às possibilidades de revestimento externo, elas são diversas. Utilizam-se pastilhas cerâmicas, fachadas envidraçadas, pinturas e texturas especiais, ladrilhos de rochas ornamentais, jardins verticais, entre outros.

O uso da técnica construtiva conhecida como monocapa poupa as fases de argamassa de emboço, reboco, pinturas e texturas e evita o desperdício de materiais, reduzindo sensivelmente o prazo de execução da obra. Uma das estratégias para a inserção desse material no mercado foi a racionalização de tempo e de mão de obra, demandada pelas construtoras. Como normalmente é preciso esperar 72 h para o chapisco secar completamente, além de mais 14 dias de espera entre o emboço e o acabamento, a economia de tempo é significativa. A técnica monocapa é um produto final e necessita somente do tempo de espera da cura da alvenaria. O produto é composto por materiais minerais – areia, cal hidratada, cimento branco, aditivos e pigmentos. Une efeitos técnicos e estéticos à durabilidade e à resistência. De manutenção simples, evita a umidade e o mofo, pois é resistente à água em estado líquido (mas permeável a ela em estado de vapor).

A maioria dos resíduos associados ao revestimento externo pode ser classificada como Classe A, por ter como base constituinte rochas, areia e cimento. Por outro lado, há que se considerar os resíduos associados a tintas à base de solventes, corantes e adesivos, por vezes tóxicos ou inflamáveis, sendo, portanto, classificados como perigosos. Assim, os RCDs associados a essa fase da obra são sobras e recortes de pisos, pastilhas e azulejos cerâmicos e de rocha, material excedente de preparo de alvenaria e argamassas (Classe A), embalagens (Classe B), sobras e recortes de placas de gesso acartonado ou vidros (Classe B), estopas, panos, rolos e pincéis contaminados (Classe C ou D), além de latas de tintas (Classe B, conforme estabeleceu a Resolução Conama nº 469/2015), ceras e vernizes (Classe D). A quantificação dos resíduos associados a essa etapa de obra está apresentada no Cap. 5.

Conforme a cultura construtiva brasileira, após a execução das alvenarias é usual o processo de embutimento das instalações prediais (hidrossanitárias, elétricas, lógica, gás etc.) pelo recorte das paredes, pisos ou tetos executados, dando origem a resíduos de construção. Oliveira (2018) estudou a influência que ferramentas de corte (talhadeira, fresa, serra) têm sobre as características dos resíduos gerados. Os indicadores quantitativos obtidos nesse estudo estão apresentados na seção 5.2. O estudo concluiu que a ferramenta utilizada no corte impacta de modo direto as características dos resíduos gerados, tais como granulometria, densidade aparente e quantidade total, tendo-se mantidas relativamente similares as taxas de geração por área de rasgos de paredes.

Além dos resíduos da alvenaria, há a geração de resíduos associados a sobras e recortes de materiais, tais como tubos, condutores, eletrodutos, louças quebradas, fios elétricos, isolantes térmicos, fitas vedantes e isolantes, barras e trilhos metálicos, parafusos, pregos, respectivas embalagens etc., ou ainda relacionados ao engraxamento ou à lubrificação de partes dessas estruturas, sendo esses resíduos contaminados com materiais potencialmente perigosos (inflamáveis, tóxicos etc.).

4.5.9 Esquadrias, portas e janelas

As esquadrias, portas e janelas atualmente utilizadas na construção civil brasileira são em geral confeccionadas fora dos canteiros, chegando às obras praticamente prontas para sua instalação. São usualmente produzidas com os materiais aço, alumínio, madeira, plástico (PVC) ou vidro, e a geração de resíduos associados a esses elementos acontece na fábrica, o que facilita seu gerenciamento, em razão do maior controle do processo gerador e do condicionamento típico.

Seu processo de instalação dá azo à geração de resíduos de parafusos, espumas expansivas de preenchimento e embalagens de pregos, entre outros. Embora em pequenas quantidades, tais resíduos precisam ser inseridos no contexto de gerenciamento e quantificados quando do planejamento. A forma mais comum de proceder a tal quantificação é atribuir a eles um percentual da geração total de resíduos, como propõe o método de Li et al. (2016), considerando-os resíduos de geração *minoritária*.

4.5.10 Serralheria

Os serviços de serralheria em obras costumeiramente estão associados à instalação de gradis e portões, guarda-corpos, elevadores, corrimões e escadas de emergência, gerando, assim, resíduos de diversos tipos. Resíduos Classe A estão associados às argamassas de assentamento e chumbamento das estruturas, trilhos etc., enquanto resíduos Classe B dizem respeito a sobras e recorte de materiais metálicos, além de embalagens (papéis e plásticos). Já resíduos Classe C estão associados a lixas, esmeris ou outros resíduos para os quais ainda não há alternativas viáveis de reciclagem. Por fim, resíduos Classe D são oriundos de graxas e lubrificantes, estopas e panos contaminados, além de suas embalagens.

4.5.11 Vidraçaria

O vidro, material cada vez mais empregado em edificações, apresenta reciclagem relativamente bem equacionada e com bom aproveitamento. Todavia, há que se ressaltar que sua colocação é, em geral, executada por agentes terceirizados especializados que possuem seus próprios parceiros, fornecedores de matéria-prima e destinadores de resíduos. Os resíduos de vidro, quando gerados no canteiro de obras, podem ser oriundos de recortes ou de quebra de peças e, por sua reciclabilidade, são classificados como Classe B. Por ser um material quebradiço, geralmente com arestas pontiagudas, deve-se ter especial atenção à questão da segurança do trabalho, com manipulação e acondicionamento corretos. Incluem-se nesse mote as lâmpadas incandescentes e fluorescentes (cujos resíduos são classificados como Classe D).

Do ponto de vista de quantificação, é de difícil mensuração, uma vez que é eventual/acidental. Nesses termos, sugere-se sua inclusão junto à parcela de resíduos eventuais e de geração dispersa, nominados por Li et al. (2016) de minoritários, inseridos no cálculo quantitativo de resíduos como um percentual incremental que representa aqueles resíduos cuja geração possui incerteza ou é de difícil mensuração.

4.5.12 Paisagismo e recreação

Comuns em empreendimentos condominiais, o paisagismo e a recreação integram estruturas geradoras de resíduos de construção. Dispondo de jardins, floreiras, pavimentos especiais, espelhos d'água, quadras de esporte, áreas de lazer com brinquedos individuais ou coletivos, churrasqueiras etc., esses locais podem dar azo à geração de resíduos de diversos tipos. Em geral, essas áreas apresentam pavimentação, drenagem e/ou impermeabilização específicos, de modo que seus resíduos devem ser atentamente quantificados, pois possivelmente causarão a geração de resíduos em pequenas quantidades (decorrentes de sobras e recortes e das peculiaridades de cada projeto), bem como de características bastante específicas (recortes ou sobras de grama artificial, de geotêxteis, de tijolos refratários, entre outros). Esses resíduos serão também computados como minoritários (Li et al., 2016), devendo a estrutura de coleta e segregação estar apta a recebê-los de modo versátil.

4.5.13 Limpeza da obra

Os serviços de limpeza de obra, associados usualmente a seu fim ou à conclusão de uma de suas etapas, geram resíduos sólidos como panos de limpeza, material de varrição, solo e outros materiais depositados que impregnam pisos e revestimentos (restos de rejunte, por exemplo), além de embalagens de produtos de limpeza e instrumentos de limpeza (vassouras, rodos etc.). Essa atividade é geradora de rejeitos e resíduos Classe C, que necessitam ser encaminhados para áreas de aterro licenciadas, sistemas de destruição de resíduos por coprocessamento, reciclagem etc.

São resíduos de difícil quantificação, por suas características de geração dispersa e muito dependente da organização do canteiro de obras e da frequência das ações de limpeza. É conveniente quantificá-los em termos de taxa de geração (massa/tempo ou massa/área), mas não há indicadores específicos evidenciados na literatura.

4.5.14 Laboratórios de controle tecnológico

Usuais em obras de grande porte e em unidades de apoio (usinas de concreto, asfalto ou solos), os laboratórios de controle tecnológico podem ser responsáveis por quantidades significativas de resíduos de construção civil. Em termos quantitativos, os principais resíduos gerados nesses laboratórios são os corpos de prova. Constituídos por concreto asfáltico, concreto de cimento Portland ou solos, a depender do tipo de construção, esses objetos são utilizados para mensurar o desempenho (mecânico, térmico, geotécnico etc.) do material de construção. Tais laboratórios eventualmente também fazem uso de solventes ou outros materiais classificados como perigosos, os quais precisam ser devidamente quantificados e segregados.

A maior parte dos resíduos gerados em laboratórios de controle tecnológico são inertes, sendo classificados como resíduos Classe A, segundo a Resolução Conama nº 307/2002, ou seja, é possível reaproveitá-los como agregados. Panos, estopas ou embalagens contaminados com solventes ou outros produtos químicos precisam ser destinados como resíduos perigosos (Classe D, segundo a Resolução Conama nº 307/2002, ou Classe I, nos termos da NBR 10004:2004).

O incentivo a práticas cada vez mais ambientalmente sustentáveis em obras tem possibilitado aos gestores utilizar a criatividade para prover alternativas de reaproveitamento dos resíduos associados aos laboratórios. A Fig. 4.6 apresenta um exemplo do reaproveitamento desses materiais em canteiro de obras.

Fig. 4.6 *Reaproveitamento de resíduos de laboratório de controle tecnológico*

Por óbvio, a demanda por reaproveitamento desses corpos de prova em um canteiro é limitada. No caso da figura, foram adotados na construção de uma horta cujas hortaliças eram utilizadas no refeitório da própria obra, mas poderiam também ser empregados na demarcação de vagas de estacionamento e em floreiras, entre outros. Não sendo possível seu reaproveitamento no próprio canteiro, por se tratar de resíduos Classe A, podem ser facilmente reciclados em usinas recicladoras de RCD.

4.5.15 Desmobilização do canteiro

A geração de resíduos sólidos na etapa de desmobilização do canteiro costuma ser expressiva, porque é nesse momento que instalações e estruturas provisórias são removidas. É também momento crítico, pois muitas vezes a equipe de trabalho acha-se reduzida, o que costuma dificultar o processo de gestão dos resíduos. É desejável que as estruturas sejam desmontadas em vez de demolidas, de modo a permitir o reaproveitamento ou facilitar a reciclagem dos materiais.

Os resíduos de demolição (ou de desconstrução) apresentam-se caracteristicamente em maior quantidade que os resíduos de construção, pois, no lugar de sobras e restos de materiais, seus resíduos são constituídos pelos próprios materiais (blocos, tijolos, janelas, portas, tapumes etc.). Assim, a quantificação desses resíduos envolve basicamente quantificar os materiais que integram a estrutura provisória, tendo como dificultador a visualização de todos eles (instalações prediais, camadas subsuperficiais etc.). O estado de conservação dos materiais determinará as possibilidades de seu reaproveitamento (em outro canteiro, por exemplo) ou reciclagem. Mais detalhes sobre o processo de demolição/desconstrução são na sequência apresentados.

4.6 O gerenciamento de atividades de desconstrução

O procedimento de desmantelamento pode envolver a demolição e/ou a desconstrução do edifício. No caso de desconstrução, existe a oportunidade de recuperar partes ou mesmo fragmentos inteiros do edifício usado, que podem então ser reaproveitados, enquanto a demolição corresponde ao descomissionamento completo do objeto (Plebankiewicz et al., 2019). Basicamente, desconstruir significa realizar ações construtivas em cronologia reversa, ou seja, os elementos construtivos implantados por último na obra (colocação de lâmpadas, instalações elétricas, esquadrias etc.) são os primeiros a serem removidos na desconstrução, e assim sucessivamente.

Em resumo, a desconstrução é a desmontagem sistemática de edifícios e infraestrutura, a fim de recuperar a quantidade máxima de materiais e componentes para reutilização e reciclagem. Também é conhecida como demolição verde ou construção reversa (Zahir et al., 2016). Segundo Rocha (2008), os processos de desmantelamento da edificação podem ser classificados da seguinte forma:

- desconstrução é o processo de desagregação buscando manter o maior grau de função e conformação das partes;
- demolição destrutiva é a desagregação de um todo (edifício) em parcelas menores, geralmente materiais amorfos;
- demolição seletiva é a combinação dos processos de demolição destrutiva e desmontagem.

Diversos pesquisadores têm se debruçado sobre a questão, visando compreender o processo de gerenciamento dos resíduos do desmantelamento. Os métodos tradicionais de demolição por vezes exigem, para o desmantelamento de edifícios, o uso de força mecânica por meio de escavadeiras, bolas de demolição, rompedores pneumáticos, explosivos, entre outros (Akinade et al., 2017).

A associação entre a desconstrução e a recuperação de materiais oportuniza maior sustentabilidade das edificações. Todavia, a carência de uma metodologia para a avaliação do potencial de desmantelamento e aproveitamento cria, muitas vezes, uma situação de desperdício de recursos materiais e energéticos, além da consequente destinação a aterros de materiais e elementos que ainda teriam possibilidade de uso (Silva; Nagalli, 2018). Silva, Nagalli e Couto (2018) relatam que, além dos benefícios ambientais associados ao reaproveitamento dos materiais de construção, como economia de recursos naturais e menor emissão de gases de efeito estufa, há também benefícios econômicos e sociais significativos.

Erzinger (2019) comparou as taxas de recuperação de materiais para atividades de demolição convencional e racional. Concluiu que, pela demolição convencional, houve aproveitamento de apenas 5,7% do volume total de materiais calculado. Utilizando princípios de demolição racional (desconstrução), para a mesma obra, obteve taxa de reaproveitamento de materiais igual a 72%. Os trabalhos publicados por Silva (2020), Silva, Nagalli e Couto (2018) e Silva e Nagalli (2018), ao acompanhar serviços de desconstrução de duas edificações em processo de *retrofit*, evidenciaram taxas de reaproveitamento de materiais de 40,1% e 61%, respectivamente. Os resultados obtidos demonstraram que o potencial de recuperação de materiais foi semelhante em ambos os estudos de caso, aproximadamente 88% e 90%, e que foi possível a recuperação ou o desvio dos aterros de 57,81 m³, valor equivalente a 7% do volume total de materiais dos edifícios, tendo-se desconsiderado o que foi reutilizado na própria obra.

Nesses estudos, foram desenvolvidas rotinas de acompanhamento de obras de desconstrução com sistemas de classificação de informações e de identificação e quantificação de materiais, cuja leitura se recomenda. Foram também estabelecidos métodos que sistematizam a coleta de informações visando ao máximo aproveitamento dos materiais.

Exercícios

10 Liste as etapas construtivas de uma obra aeroportuária e busque identificar e quantificar os respectivos resíduos.

11 Considere agora uma obra portuária e repita o exercício anterior. Compare os respectivos resultados.

5 Quantificação dos RCDs

5.1 Como quantificar resíduos

Quantificar resíduos não é algo trivial, porquanto executar empreendimentos também não o é. Há incontáveis materiais de construção e processos construtivos que podem ser utilizados em um empreendimento, pois o produto da construção é inovado diariamente. E, dessa forma, predizer características, tipos e quantidades de resíduos torna-se uma tarefa árdua. Por exemplo, predizer todos os resíduos de um empreendimento exigiria saber todas as formas de entrega de todos os produtos utilizados na obra. No entanto, o mercado da construção ainda não está evoluído para prover esse tipo de informação. É incerto se uma esquadria metálica, uma porta, um conjunto de blocos cerâmicos serão entregues com embalagens plásticas, etiquetas de papel, *pallets* de madeira etc., apenas para citar alguns exemplos. E toda essa incerteza gera insegurança (ou imprevisibilidade) ao projetista.

A quantidade gerada de resíduos de construção e demolição (RCDs) em cada município é variável e significativa, dependendo do desenvolvimento econômico da região, da oferta de bens e serviços e do estágio de desenvolvimento urbano. Diversos autores buscaram registrar as quantidades geradas, expressando-as em termos relativos aos resíduos sólidos urbanos ou às quantidades de resíduos enviadas às áreas de destino. Esses percentuais auxiliam gestores e planejadores na definição de políticas públicas e demonstram a importância de viabilizar soluções para a questão. Na Tab. 5.1 são apresentados os resultados identificados na literatura.

Considerando a complexidade do processo de geração de resíduos, influenciado por diversos fatores, a situação ideal é monitorar tais indicadores, pesando, registrando, medindo e controlando os RCDs em seus mais diversos fluxos. Na ausência de indicadores reais, pode-se inferir as quantidades geradas a partir de percentuais de resíduos sólidos urbanos, por exemplo através dos dados da Tab. 5.1. É possível adotar ainda taxas *per capita*, tais como a utilizada no Plano

Estadual de Resíduos Sólidos do Estado do Paraná, de 1,42 kg de RCDs por habitante por dia.

Tab. 5.1 Percentuais de RCDs gerados no mundo

Percentual de RCDs	Local	Referência
60,71% do total de resíduos	Chicago (EUA)	Li e Zhang (2013)
95% do total de resíduos não urbanos	Massachusetts (EUA)	Wang et al. (2004)
29% do total de resíduos sólidos	Estados Unidos	Kofoworola e Gheewala (2009)
26% do total de resíduos sólidos	Estados Unidos	Won, Cheng e Lee (2016)
35% do total de resíduos em aterros	Canadá	Kofoworola e Gheewala (2009)
50% do total de resíduos em aterros	Reino Unido	Solís-Guzmán et al. (2009) e Kofoworola e Gheewala (2009)
48% do total de resíduos	União Europeia	Llatas (2011)
30% do total de resíduos	Europa	Sáez et al. (2014) e Sáez, Porras-Amores e Merino (2015)
Aproximadamente 60% do total de resíduos	Israel	Katz e Baum (2011)
15%-30% do total de resíduos sólidos urbanos	Kuwait	Kartam et al. (2004)
20%-30% do total de resíduos em aterros	Austrália	Kofoworola e Gheewala (2009)
38% do total de resíduos sólidos	Hong Kong	Solís-Guzmán et al. (2009)
30%-40% do total de resíduos	Hong Kong	Li e Zhang (2013)
28,24% do total de resíduos	Malásia	Lau, Whyte e Law (2008)
20% do total de resíduos	Japão	Li et al. (2016)
Aproximadamente 40% do total de resíduos	China	Li et al. (2016)
48% do total de resíduos sólidos	Coreia do Sul	Won, Cheng e Lee (2016)
35% do total de resíduos no mundo	Mundo	Llatas (2011) e Mercader-Moyano e Ramírez-de-Arellano-Agudo (2013)
Mais de 10% do total de resíduos no mundo	Mundo	Bakshan et al. (2015)
10%-30% do total de resíduos urbanos em aterros no mundo	Mundo	Li et al. (2016)

No âmbito do gerenciamento, usualmente as quantidades produzidas de resíduos são expressas por meio de taxas de geração de resíduos (TGRs; em inglês, *waste generation rates* – WGR), em que se relaciona a massa ou o volume de resíduo à área total construída (em inglês, *gross floor area* – GFA) do empreendimento. A Tab. 5.2 expressa os valores encontrados na literatura.

Tab. 5.2 Taxas de geração de resíduos de construções, reformas e demolições

Resíduo	Tipo de obra	Taxa de geração	Local	Referência
Entulho em geral	Edifícios verticais residenciais	0,050-0,150 t/m²	Brasil	Angulo et al. (2011)
	Construções novas de pequeno porte	97,8 kg/m²		Silva (2007)
	Reformas de pequeno porte	684 kg/m²		
	Reformas	0,470 t/m²		Morales, Mendes e Angulo (2006)
	Obras verticais novas	0,23 m³/m²		Nascimento (2018)
	Edifícios verticais residenciais	3.275-8.791 kg/m²	Shenzhen (China)	Lu et al. (2011)
	Obras públicas residenciais	0,175 m³/m²	Hong Kong	Poon, Yu e Ng (2001)
	Obras residenciais particulares	0,250 m³/m²		
	Empreendimentos comerciais e escritórios	0,200 m³/m²		
	Construções de edifícios	120,0 kg/m²	Espanha	Llatas (2011)
	Reformas	338,7 kg/m²		
	Demolições completas	1.129,0 kg/m²		
	Demolições parciais	903,2 kg/m²		
Entulho em geral, inclusive solo	Demolições, pequena escala	620 kg/m²	Hanoi (Vietnã)	Ishigaki et al. (2019)
	Demolições, grande escala	230 kg/m²		
	Construções, pequena escala	79 kg/m²		
	Construções, grande escala	1.030 kg/m²		

Tab. 5.2 (continuação)

Resíduo	Tipo de obra	Taxa de geração	Local	Referência
Solos de escavação	Obras de edificações em geral	0,216 m³/m²	Espanha	Llatas (2011)
Solos de limpeza de terreno	Obras de edificações em geral	0,062 m³/m²	Espanha	Llatas (2011)
Concreto	Obra de edifício residencial de luxo	0,60 kg/m²	Portugal	Ferreira (2013)
Concreto	Obra de edifícios residenciais	17,8-32,9 kg/m²	Portugal	Coelho e Brito (2012)
Embalagens	Obras de edificações em geral	0,0819 m³/m²	Espanha	Llatas (2011)
Embalagens de papel e papelão	Obra de edifício residencial	1,1 kg/m²	Portugal	Ferreira (2013)
Embalagens compósitas	Obra de edifício residencial de luxo	0,087 kg/m²	Portugal	Ferreira (2013)
Ladrilhos, telhas e materiais cerâmicos	Obra de edifícios residenciais	1,7-3,2 kg/m²	Portugal	Coelho e Brito (2012)
Ladrilhos, telhas e materiais cerâmicos	Obra de edifício residencial de luxo	0,10 kg/m²	Portugal	Ferreira (2013)
Solos e rochas	Obra de edifício residencial de luxo	0,57 kg/m²	Portugal	Ferreira (2013)
Plásticos	Obra de edifícios residenciais	0,1-0,8 kg/m²	Portugal	Coelho e Brito (2012)
Plásticos	Obra de edifício residencial de luxo	0,45 kg/m²	Portugal	Ferreira (2013)
Materiais de isolamento	Obra de edifício residencial de luxo	0,15 kg/m²	Portugal	Ferreira (2013)
Materiais de isolamento	Obra de edifícios residenciais	0,1-1,2 kg/m²	Portugal	Coelho e Brito (2012)
Madeira	Obra de edifícios residenciais	2,5-6,4 kg/m²	Portugal	Coelho e Brito (2012)
Rejeitos		2,76 kg/m²	Portugal	Ferreira (2013)
Rejeitos		7,32 kg/m²	Portugal	Ferreira (2013)
Misturas de concreto, tijolos, ladrilhos, telhas e materiais cerâmicos	Obra de edifício residencial de luxo	40,9 kg/m²	Portugal	Ferreira (2013)

No que concerne à taxa de geração de resíduos por tipo de material, a literatura disponível apresenta as possibilidades expressas nas Tabs. 5.3 e 5.4.

Tab. 5.3　TGR por tipo de material

Material	Variação da taxa de geração de resíduo (kg/m²)	Valor médio da taxa de geração de resíduos (kg/m²)	Taxa de perda de material (%, em relação ao adquirido)
Concreto	0,357-2,387	1,372	1,33
Madeira (para fôrmas e escoramento)	1,678-1,905	1,796	5
Metal (armaduras)	0,014-0,073	0,044	2,88
Blocos e tijolos	0,037-0,821	0,429	7
Argamassa	0,368	0,368	3,95
Tubos de PVC	0,035	0,035	1,05
Miscelânea de resíduos (misto, rejeito)	0,786-3,202	1,994	-

Fonte: Lu et al. (2011).

Tab. 5.4　TGR média de RCDs em obras de construção e demolição (kg/m² de piso)

	Construções, pequena escala	Construções, grande escala	Demolição, pequena escala	Demolição, grande escala
Concreto	2,9	63	298	188
Blocos	0,37	11	149	56
Argamassa	0,1	3,3	11	3,9
Gesso	0,4	-	0,6	0,1
Telhas	-	10	0,3	2,4
Rochas	-	13	0,4	-
Solo	72	850	5,1	0,4
Plástico	0,01	10	0,6	3,0
PVC	-	1,6	0,7	0,1
Espuma	-	0,4	2,2	-
Madeira	0,04	38	7,9	5,9
Mobiliário	-	-	2,9	-
Papel	0,5	26	0,2	1,1
Metal	2,1	2,7	48	13

Fonte: Ishigaki et al. (2019).

Especificamente sobre as embalagens, Llatas (2011) avaliou sua composição em obras espanholas, tendo chegado às seguintes proporções: embalagens de madeira, 70%; embalagens plásticas, 13%; embalagens de papelão, 11%; embalagens metálicas, 5%; e embalagens mistas, 1%. Dessas, 5% foram classificadas como resíduos perigosos. No que concerne a obras públicas, Ishigaki et al. (2019) chegaram às seguintes taxas de geração de resíduos para obras executadas em Hanoi, Vietnã: na construção de pontes rodoviárias, 36 kg/m² de concreto; no melhoramento de rodovias, 1.180 kg/m² de solo e 280 kg/m² de asfalto; na expansão de rodovias, 1.260 kg/m² de solo e 340 kg/m² de asfalto; em obras de drenagem, 1.750 kg/m² de solo e 980 kg/m² de sedimentos.

Com base na Lista Europeia de Resíduos (LER), o governo da Bósnia e Herzegovina (2015) propôs fatores de conversão para diversos tipos de resíduos constantes daquela lista, entre os quais se destacam, na Tab. 5.5, os valores relativos aos RCDs. Tais fatores de conversão são úteis no cotidiano da quantificação de resíduos, uma vez que embutem a densidade aparente de material, podendo também ser utilizados para o cálculo reverso (conversão de massa em volume aparente de resíduo).

Embora a situação mais corriqueira seja a da predição de resíduos para um empreendimento, gestores, em especial os públicos, necessitam muitas vezes predizer os RCDs de comunidades ou regiões. Nesses casos, há duas abordagens mais comuns. A primeira é considerar a geração de RCDs como uma parcela (percentual) da geração total de resíduos sólidos (urbanos, geralmente). A segunda opção é realizar tal estimativa a partir de taxas de geração de RCDs *per capita*. Em ambos os casos não se obtêm dados sobre a composição dos resíduos, que poderiam contribuir a um adequado planejamento.

Em 2018, considerando apenas os resíduos coletados pelos municípios (tipicamente os RCDs abandonados em vias e logradouros públicos), a taxa *per capita* de geração média de RCDs em municípios brasileiros foi de 0,585 kg/hab/dia, variando de 0,259 kg/hab/dia na região Norte a 0,824 kg/hab/dia na região Centro-Oeste.

Com base nessa situação, Song et al. (2017) desenvolveram um modelo híbrido para a predição de RCDs, estudando o caso da China. Por meio de um modelo matemático, analisaram o histórico da geração de resíduos e o *status* de desenvolvimento da indústria da construção nacional, obtendo os dados apresentados na Tab. 5.6.

Os autores ainda diagnosticaram as taxas de geração de resíduos, para cada tipo de concepção estrutural analisado, em obras de construção e de demolição, tendo obtido os valores mostrados nas Tabs. 5.7 e 5.8.

Tab. 5.5 Fatores de conversão dos RCDs (m³ para t) segundo o governo da Bósnia e Herzegovina (2015)

Código LER	Nome do resíduo		Fator de conversão (m³ para t)		
			Mín.	Média	Máx.
17 01	Concreto, blocos, azulejos e cerâmica				
17 01 01	Concreto	Entulho de concreto, concreto fresco, blocos de concreto, pisos em concreto, azulejos, dormentes ferroviários de concreto, lodo de concreto, produtos cimentícios	0,93	1,17	1,30
17 01 02	Tijolos	Tijolos, entulho cerâmico	0,66	1,05	1,30
17 01 03	Azulejo e cerâmica	Entulho cerâmico, cerâmica, blocos e tijolos cerâmicos, porcelana, telhas cerâmicas, azulejos, ladrilhos	0,59	0,83	1,30
17 01 06	Misturas ou frações separadas de concreto, blocos, telhas e cerâmicas contendo substâncias perigosas	Cerâmica, areia, telhas, ladrilhos e pisos cerâmicos ou de ardósia	0,66	1,04	1,30
17 02	Madeira, vidro e plástico				
17 02 01	Madeira	Objetos em madeira, cortiça, dormentes ferroviários em madeira, madeira não tratada ou chapas, estacas de madeira	0,33	0,39	0,50
17 02 02	Vidro	Fibra de vidro, resinas de vidro reforçadas, esmaltes vítreos	0,33	0,71	1,20
17 02 03	Plástico	Cones de sinalização, resíduos de plástico em fardos, celofane, objetos plásticos, chapas de plástico ondulado, plástico laminado, polietileno de baixa densidade, polietileno de alta densidade, misturas de plásticos, filmes plásticos, tubos plásticos, pastas plásticas, janelas de plástico	0,23	0,36	0,60

Tab. 5.5 (continuação)

Código LER	Nome do resíduo		Fator de conversão (m³ para t)		
			Mín.	Média	Máx.
17 02 04	Vidro, plástico ou madeira contendo substâncias perigosas ou contaminados com elas	Fibra de vidro, misturas de plásticos, polietileno, poliuretano, polipropileno, poliestireno, fibra de vidro reforçada com resina, dormentes ferroviários, madeira tratada, dutos e tubulações contaminadas, artigos de vidro	0,29	0,29	0,29
17 03	Misturas betuminosas, alcatrão de carvão e produtos de alcatrão				
17 03 01	Misturas betuminosas contendo alcatrão de hulha	Betume, alcatrões de carvão, asfalto (contendo alcatrão), alcatrões ácidos orgânicos, alcatrões ácidos, macadames	0,90	1,20	1,80
17 03 02	Misturas betuminosas não abrangidas em 17 03 01	Betume, asfalto (contendo alcatrão), mástique, macadame	0,82	1,17	1,80
17 03 03	Alcatrão de carvão e produtos de alcatrão	Betume, alcatrão de carvão, asfalto (contendo alcatrão), alcatrão ácido orgânico, alcatrão ácido, resíduos de alcatrão	0,70	1,38	1,95
17 04	Metais (incluindo suas ligas)				
17 04 01	Cobre, bronze, latão	Sucata de latão, sucata de cobre, desperdícios e resíduos de cobre, sucata de bronze, aquecedor de água	0,90	1,49	2,67
17 04 02	Alumínio	Revestimentos de alumínio, sucata de alumínio, janelas (metal)	0,20	0,94	1,73
17 04 03	Chumbo	Sucata de chumbo, desperdícios e resíduos de chumbo, tubos (chumbo)	0,90	1,57	2,90
17 04 04	Zinco	Sucata de zinco, desperdícios e resíduos de zinco	0,90	1,74	3,43

Tab. 5.5 (continuação)

Código LER	Nome do resíduo		Fator de conversão (m³ para t)		
			Mín.	Média	Máx.
17 04 05	Ferro e aço	Resíduos e sucatas de ferro fundido, portas (metal), sucatas de metais ferrosos, tornos de metais ferrosos, sucata de ferro, chapas onduladas de ferro, aço (em concreto armado), sucata de aço, revestimentos de aço, tubos de aço, lã de aço, sucata de metal	0,41	0,95	2,00
17 04 06	Estanho	Desperdícios e resíduos de estanho, sucata de estanho	0,90	1,49	2,67
17 04 07	Misturas metálicas	Barreiras (metálicas) de segurança, cadeiras de metal, móveis em metal, sucata metálica (ferrosa e não ferrosa)	0,27	0,35	0,42
17 04 09	Resíduos de metais contaminados com substâncias perigosas	Sucata de metais ferrosos, tornos de metais ferrosos, sucata de ferro, chapas de metal ondulado, sucata de aço, limalha ferrosa, revestimento de aço, tubos de aço, lã de aço, sucata de metal (ferroso e não ferroso)	0,46	1,52	3,43
17 04 10	Cabos contendo óleo, alcatrão de carvão e outras substâncias perigosas	Resíduos de decapagem de cabos, alcatrões de carvão, cabo elétrico, fio elétrico, fio macio e trefilado (revestido de plástico ou galvanizado)	0,21	1,29	3,40
17 04 11	Cabos não abrangidos em 17 04 10	Resíduos de decapagem de cabos, cabo elétrico, fio elétrico, fio macio e trefilado (revestido de plástico ou galvanizado)	0,11	1,25	3,40
17 05	Solo (incluindo solo escavado de locais contaminados), pedras e detritos de dragagem				
17 05 03	Solo e rochas contendo substâncias perigosas	Entulho de construção, argila contaminada, areia contaminada, solo contaminado (todos os tipos de solo), pedra, subsolo, solos e rochas (misto)	1,25	1,45	1,80

Tab. 5.5 (continuação)

Código LER	Nome do resíduo		Fator de conversão (m³ para t)		
			Mín.	Média	Máx.
17 05 04	Solos e rochas não abrangidos em 17 05 03	Entulho de construção, argila, solo contaminado (todos os tipos de solo), pedra, subsolo, rocha britada, rocha escavada, areia, solo de decapagem, vermiculita, solos e rochas (mistura)	1,06	1,37	1,80
17 05 05	Resíduos de dragagem contendo substâncias perigosas	Lodos, sedimentos e siltes contaminados	0,51	0,94	1,80
17 05 06	Resíduos de dragagem não abrangidos em 17 05 05	Lodos, sedimentos e siltes contaminados	0,51	0,79	1,35
17 05 07	Dormentes contendo substâncias perigosas	Dormentes de linhas férreas contaminados, dormentes de linhas férreas, rochas contaminadas	1,09	1,32	1,80
17 05 08	Outros dormentes diferentes daqueles mencionados em 17 05 07	Dormentes de linhas férreas contaminados, dormentes de linhas férreas	1,09	1,32	1,80
17 06	Materiais de isolamento e materiais de construção contendo amianto				
17 06 01	Materiais de isolamento contendo amianto	Amianto fibroso, produtos de isolamento com amianto	0,28	0,69	1,50
17 06 03	Outros materiais de isolamento contendo substâncias perigosas ou contaminados com elas	–	0,20	0,27	0,40
17 06 04	Materiais de isolamento não abrangidos em 17 06 01 e 17 06 03	–	0,25	0,47	0,90

Tab. 5.5 (continuação)

Código LER	Nome do resíduo		Fator de conversão (m³ para t)		
			Mín.	Média	Máx.
17 06 05	Materiais de construção contendo amianto	Amianto ligado, telhas de amianto ondulado, ligas ou placas de amianto	0,31	0,91	1,50
17 08	Materiais de construção à base de gesso				
17 08 01	Materiais de construção à base de gesso contaminados com substâncias perigosas	Placas de gesso	0,33	0,43	0,61
17 08 02	Materiais de construção à base de gesso não abrangidos em 17 08 01	Placas de gesso	0,33	0,43	0,61
17 09	Outros RCDs				
17 09 01	RCDs contendo mercúrio	–	0,27	0,50	0,72
17 09 02	RCDs (por exemplo, selantes, pisos à base de resina, unidades de envidraçamento vedado e capacitores) contendo bifenila policlorada (PCB)	–	0,27	0,60	0,93
17 09 03	Outros RCDs (incluindo resíduos misturados) contendo substâncias perigosas	–	0,27	0,27	0,27
17 09 04	Resíduos mistos de construção e demolição não abrangidos em 17 09 01, 17 09 02 e 17 09 03	–	0,32	0,45	0,60

Tab. 5.6 Proporção de resíduos de construção na China

Concepção estrutural	Percentuais de geração (%)							
	Blocos	Argamassa	Concreto	Embalagens	Telhado	Aço	Madeira	Outros
Estrutura em concreto ou alvenaria estrutural	29	23	14	4	1,5	2,5	15	11
Estrutura metálica	26	17	16	12	2	4	15	8
Paredes de cisalhamento	17,5	13	17,5	8	3	7	18	16

Fonte: Song et al. (2017).

Tab. 5.7 Taxa de geração de resíduos por área construída em obras de construção chinesas (kg/m²)

Concepção estrutural	Percentuais de geração (%)							
	Blocos	Argamassa	Concreto	Embalagens	Telhado	Aço	Madeira	Outros
Estrutura em concreto ou alvenaria estrutural	8,7	6,9	4,2	1,2	4,5	7,5	4,5	3,3
Estrutura metálica	7,8	5,1	4,8	3,6	6,0	1,2	4,5	2,4
Paredes de cisalhamento	5,3	3,9	5,3	2,4	9,0	2,1	5,4	4,8

Fonte: adaptado de Song et al. (2017).

Tab. 5.8 Taxa de geração de resíduos por área construída em obras de demolição chinesas (kg/m²)

Concepção estrutural	Taxas de geração (kg/m²)						
	Blocos	Argamassa	Concreto	Embalagens	Aço	Madeira	Outros
Estrutura em concreto ou alvenaria estrutural	570,7	106,0	151,5	60,6	40,4	50,5	30,3
Estrutura metálica	247,5	96,0	510,0	45,5	65,7	15,2	30,3

Fonte: adaptado de Song et al. (2017).

Ansari e Ehrampoush (2018) analisaram a geração de RCDs na cidade de Yazd, em região desértica, no centro do Irã, com cerca de 660 mil habitantes. Concluíram que a proporção de RCDs gerada na cidade, por tipo de material, era: concreto e argamassa, 38%; blocos, 20%; telhas e outros resíduos cerâmicos, 14%; metais ferrosos, 11%; metais não ferrosos, 6%; vidro, 5%; plástico, 3%; e madeira, 3%.

A quantificação dos resíduos é uma etapa fundamental do processo de gerenciamento. É por meio dela que é possível estabelecer, por exemplo, o tamanho dos recipientes, a frequência de coleta e a melhor forma de transporte (interno e externo). Resumindo, é o momento em que se forma toda a logística de resíduos da obra.

A quantificação dos resíduos deve ser feita antes mesmo de a obra iniciar, na fase de projetos (anteprojeto). Nesse momento, são estabelecidas as necessidades de contentores (recipientes que contêm os resíduos), o tamanho da equipe de gerenciamento e como será realizado o transporte dos resíduos na obra. Quanto mais detalhada e executiva for essa etapa, mais chance de sucesso terá o programa de gerenciamento de resíduos. Nessa fase, por ainda não haver obra, os resíduos são em geral estimados com base em experiências anteriores dos projetistas ou modelos prognósticos.

Em um segundo momento, quando a obra já está em andamento, é possível controlar as quantidades de resíduos geradas, que entram ou saem da obra, de modo a permitir seu eficiente gerenciamento. Nesse caso, são comuns as medições, em peso ou volume de resíduos, para o preenchimento de planilhas de controle, que, em geral, acontece periodicamente (a cada carga de resíduo, provavelmente).

Assim, cada projetista deve rever, de tempos em tempos, o desempenho de sua equipe relacionado aos resíduos de construção para adequar a estrutura de gerenciamento. O processo de terraplenagem é um exemplo de como é difícil executar essa mensuração, uma vez que se conhece a topografia pré-terraplenagem e pós-terraplenagem, contudo é preciso lembrar que os fatores de empolamento são variáveis, de maneira que se pode deduzir apenas qual será a movimentação de solos.

5.2 Outros indicadores correlatos

A literatura traz alguns indicadores de uso conveniente nos cálculos estimativos de resíduos quando não se dispõe de todas as informações de projeto. Isso porque, como se verá, muitas vezes a estimativa de resíduos se dá a partir do quantitativo de materiais de construção da obra.

Por exemplo, Mattos (2019) reporta o indicador taxa de fôrma, que representa a quantidade de madeira (em m²) necessária para a confecção de fôrmas para concretagem, em função da quantidade de concreto prevista para a obra. A taxa de fôrma reportada pelo autor é de 12 m² a 14 m² de fôrma por m³ de concreto. De modo análogo, pode-se estimar a quantidade total de concreto a partir da área construída da edificação e da espessura média, esta correspondendo à espessura que o volume de concreto do pavimento atingiria se fosse distribuído regularmente pela área do pavimento, englobando pilares, vigas, lajes e escadas e deixando de considerar o concreto relativo às fundações e demais usos. O indicador espessura média varia de 12 cm a 16 cm para edifícios com menos de dez pavimentos e de 16 cm a 20 cm para edifícios com mais de dez pavimentos. Para o cálculo estimativo do volume de concreto, tem-se:

Volume de concreto (m³) = área construída (m²) × espessura média (m)

Assim como a madeira, o consumo de aço de uma obra de edificação pode ser estimado por cálculo análogo, nominado por Mattos (2019) de taxa de aço. Em edifícios com menos de dez pavimentos, tal taxa é de 83 kg a 88 kg de aço por m³ de concreto, e para edifícios com mais de dez pavimentos a taxa é de 88 kg a 100 kg de aço por m³ de concreto. Salienta-se que tais parâmetros são válidos para edificações construídas em sistema convencional brasileiro, isto é, estruturas em concreto armado, alvenaria de fechamento cerâmica etc.

Para o cálculo dos resíduos a partir da quantidade de materiais de construção, há algumas opções, que variam especialmente em razão da forma de quantificação dos materiais (unidade, massa, volume). Por exemplo, para o cálculo do volume dos resíduos de madeira, como os materiais de construção são usualmente expressos em área, para a quantificação volumétrica dos resíduos é necessário convertê-la em volume, por meio de uma espessura equivalente. Essa espessura equivalente corresponde a uma média ponderada da espessura de todos os resíduos de madeira gerados na obra, incluindo placas, chapas, ripas, *pallets* etc. Há que se levar em conta ainda, no caso dos resíduos de madeira, a questão do número de reaproveitamentos do material.

Considerando que a maioria dos resíduos de madeira é composta por chapas (Nagalli et al., 2013; Lopes; Pereira; Hamaya, 2013), pode-se inferir que a espessura equivalente será mais próxima da espessura das chapas de madeira do que das demais peças utilizadas na obra. Chapas de madeira costumam variar de 6 mm a 20 mm, de modo que valores adequados médios para essa espessura seriam da ordem de 10 mm a 15 mm. Quanto maior é a diversidade de peças, maior tende a ser esse valor de espessura média equivalente. Assim, pode-se realizar o cálculo estimativo de resíduos com a seguinte fórmula:

$$\text{Volume de resíduos de madeira (m}^3\text{)} = \text{área de fôrmas (m}^2\text{)} \\ \times \text{ taxa de geração (\%)} \times \text{espessura média (m)}$$

Por outro lado, o aço é usualmente quantificado em massa, de modo que, para obter informações quantitativas dos respectivos resíduos, é necessário acrescer ao cálculo o parâmetro densidade aparente. Dessa forma, a sucata metálica pode ser estimada como:

$$\text{Volume de sucata metálica (m}^3\text{)} = \text{consumo de aço (kg)} \\ \times \text{ taxa de geração (\%)/densidade aparente (kg/m}^3\text{)}$$

Para o cálculo de resíduos provenientes de materiais de construção quantificados em volume, como habitualmente o concreto, a fórmula é mais simples, conforme segue:

$$\text{Volume de resíduos de concreto (m}^3\text{)} = \text{consumo de concreto (m}^3\text{)} \\ \times \text{ taxa de geração (\%)}$$

O parâmetro taxa de geração representa o percentual de resíduos gerados em função da quantidade de material de construção adquirida. Inclui perdas e desperdício de material.

Exemplo: Deseja-se estimar os resíduos de uma obra de construção de um edifício residencial a partir da quantidade de materiais de construção. Admitindo-se que os resíduos de madeira representam a totalidade da madeira consumida por fôrmas na obra, que a sucata metálica representa 3% da quantidade total de aço prevista para a obra, que os resíduos de concreto representam 4% da quantidade total de concreto consumida na obra e que o edifício possui 15 pavimentos e área total de 5.000 m², calcule as quantidades de resíduos geradas em m³. Assuma espessura média dos resíduos de madeira igual a 1,1 cm.

Cálculo do consumo de materiais:

$$\text{Volume de concreto (m}^3\text{)} = \text{área construída (m}^2\text{)} \times \text{espessura média (m)}$$
$$\text{Volume de concreto (m}^3\text{)} = 5.000 \text{ m}^2 \times 0{,}18 \text{ m} = 900 \text{ m}^3$$
$$\text{Área de fôrmas (m}^2\text{)} = \text{taxa de fôrma (m}^2\text{/m}^3\text{)} \times \text{volume de concreto (m}^3\text{)}$$
$$\text{Área de fôrmas (m}^2\text{)} = 13 \text{ m}^2\text{/m}^3 \times 900 \text{ m}^3 = 11.700 \text{ m}^2$$
$$\text{Consumo de aço (kg)} = \text{taxa de aço (kg/m}^3\text{)} \times \text{volume de concreto (m}^3\text{)}$$
$$\text{Consumo de aço (kg)} = 94 \text{ kg/m}^3 \times 900 \text{ m}^3 = 84.600 \text{ kg}$$

Cálculo da geração de resíduos:

Volume de resíduos de madeira (m³) = área de fôrmas (m²)
× taxa de geração (%) × espessura média (m)
Volume de resíduos de madeira (m³) = 11.700 × 1 × 0,011= 128,7 m³
Volume de sucata metálica (m³) = consumo de aço (kg)
× taxa de geração (%)/densidade aparente (kg/m³)
Volume de sucata metálica (m³) = 84.600 × 0,03/593,2 = 4,28 m³
Volume de resíduos de concreto (m³) = consumo de concreto (m³)
× taxa de geração (%)
Volume de resíduos de concreto (m³) = 900 × 0,04 = 36 m³

Oliveira (2018) investigou taxas de geração de resíduos provenientes do corte de alvenarias para a introdução das instalações elétricas prediais. Na execução do rasgo, foram investigadas três ferramentas: fresa, serra mármore e talhadeira. A autora obteve taxa de geração de resíduos (alvenaria de bloco cerâmico + argamassa) igual a 26,5 ± 2,6 kg/m² de rasgo, que não variou significativamente em função da ferramenta adotada. Frise-se que tal taxa de geração foi calculada com base na área das aberturas/rasgos (Fig. 5.1), já que essa é a forma habitual de quantificar o serviço. Esse indicador revela-se útil para inserção em modelos tipo BIM.

Oliveira (2018) obteve ainda as massas unitárias médias para os três casos analisados: para a fresa, 1.134,0 ± 31,8 kg/m³; para a serra mármore, 1.054,5 ± 31,0 kg/m³; e para a talhadeira, 1.017,1 ± 33,7 kg/m³.

5.3 Métodos para a estimativa da quantidade de RCDs

Wu et al. (2014), avaliando 57 artigos científicos, puderam identificar seis categorias de métodos para a predição de resíduos de construção (RC) e demolição (RD), conforme descrito na Fig. 5.2.

Note-se que os métodos identificados por Wu et al. (2014) divergem bastante quanto à sua aplicabilidade. Isso porque se buscou classificar métodos com características muito distintas, em que a variável tempo é fator determinante. Considerou-se que, em sendo relevante a variável tempo, nesse caso associada à vida útil de materiais ou construções, o método adotado para a predição de resíduos é a *análise de ciclo de vida*.

A análise de ciclo de vida (ACV) é um método de análise em que se procede a uma avaliação do que ocorre em relação a um produto ou serviço ao longo de toda a sua vida útil, geralmente com escopo ampliado, em uma análise que se costuma chamar de "do berço ao túmulo" (do inglês, *cradle-to-grave*). O objetivo de realizar uma ACV é usualmente comparar o impacto que determinadas escolhas (de materiais, processos, combustíveis etc.) têm sobre o resultado. Pode-se, por meio dessa técnica, por exemplo, investigar qual das alternativas consome menos águas em seu ciclo produtivo, qual emite menos gases produtores de efeito estufa, qual consome menos combustíveis fósseis, enfim, uma gama infinita de possibilidades. A ferramenta apresenta grande potencial de aplicação à indústria da construção, tendo em vista sua versatilidade, podendo ser utilizada não só em edifícios, mas também em estradas, pontes, barragens e ferrovias, entre outros empreendimentos ou atividades de engenharia.

Na análise de uma construção, realizar a ACV consistiria em avaliar a origem de todos os materiais utilizados na execução dessa construção, os processos de reformas da edificação, e o que fazer ao fim de sua vida útil. De igual forma, seria possível realizar a mesma análise sobre cada um dos materiais utilizados na construção, estudando as respectivas origens e possibilidades de destino no pós-uso, o que agregaria robustez aos resultados.

Fig. 5.1 *Fotografia dos rasgos executados com três diferentes tipos de ferramenta de corte e respectivas características*
Fonte: Oliveira (2018).

No caso dos resíduos de construção, a análise torna-se complexa, uma vez que o conceito de resíduo está intimamente ligado à sua serventia. A origem do resíduo tanto poderia ser considerada como o fim do ciclo da construção quanto, em uma análise holística, poderia ser tomada como base para a avaliação dos ciclos produtivos que deram origem àqueles materiais de construção.

Ainda que, sob o ponto de vista ambiental, deva-se adotar as estratégias prioritárias de não geração, minimização, reaproveitamento, reciclagem e destinação, quando se está interessado exclusivamente na questão da quantificação de resíduos, pressupõe-se que eles serão gerados. E, dessa forma, a ACV surge como uma possibilidade de trabalhar a questão da quantificação de resíduos a partir de cenários. Nesses cenários de geração de resíduos, definidos a partir de

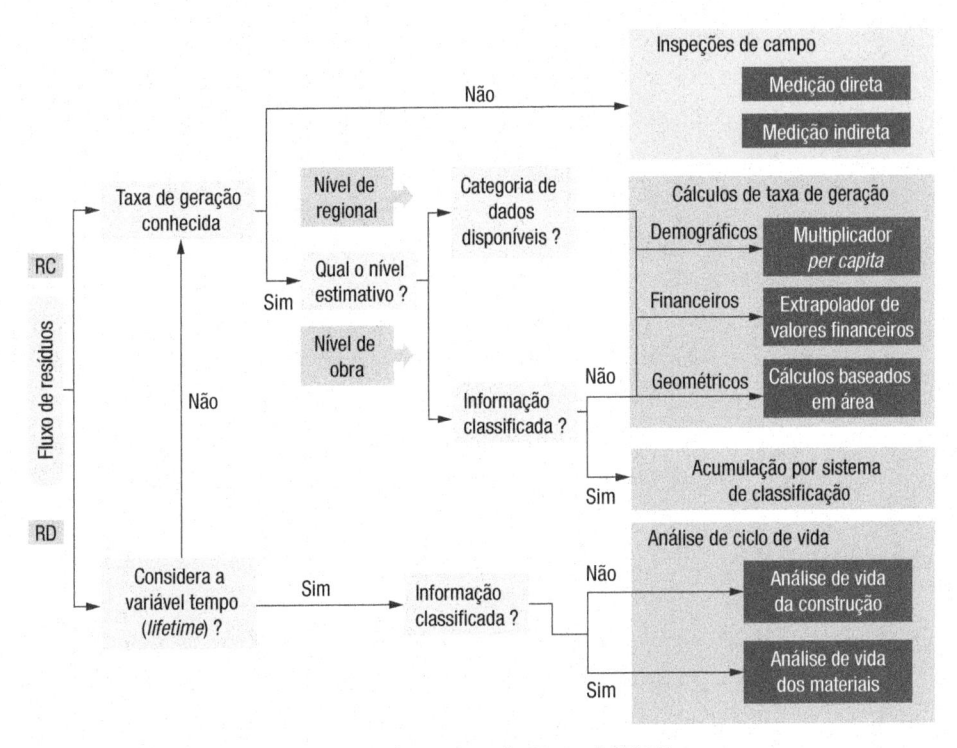

Fig. 5.2 *Categorias de métodos de predição segundo Wu et al. (2014)*

determinadas escolhas de materiais ou processos construtivos, pode-se trabalhar com algumas premissas, como a busca do cenário cuja geração de resíduos seja a menor possível, cuja reciclabilidade dos resíduos seja a maior possível, cujos resíduos tenham emitido a menor quantidade de gases ao longo de seu ciclo original etc.

Quando a questão do tempo (durabilidade das construções) é incerta ou irrelevante, os métodos investigados por Wu et al. (2014) (Fig. 5.2) apresentam como solução arbitrar taxas de geração de resíduos a partir de inspeções de campo ou das características socioeconômicas e fisiográficas locais. No que concerne às inspeções de campo, os autores identificaram duas possibilidades: medições diretas e medições indiretas.

Os métodos que utilizam as medições diretas têm como desvantagem o fato de que só é possível quantificar os resíduos após sua geração. Dessa forma, os dados medidos diretamente não se prestam ao planejamento da questão dos resíduos do empreendimento onde estes foram gerados. É usual adotar esse método quando se precisa reportar os dados de geração de resíduos para fins de medição/pagamento por serviços (aluguel de caçambas, transporte etc.) ou autodeclarações a órgãos de controle e fiscalização (relatórios de gerenciamento de resíduos etc.). Uma das vantagens de utilizar as medições diretas é que tais dados foram gerados em um ambiente de produção peculiar, daquele empreendedor, com aqueles funcionários, utilizando aqueles materiais etc., de modo que constituem uma espécie de patrimônio organizacional. A partir de um histórico de medições diretas, é possível estabelecer indicadores de produção de resíduos, que podem ser usados para fins de controle interno das equipes de trabalho. Pode-se, por exemplo, estabelecer metas de geração de resíduos para as equipes, comparar indicadores de desempenho de diferentes obras, verificar o desempenho individual de funcionários, planejar treinamentos e capacitações, entre outros.

A medição indireta, isto é, realizada em outros empreendimentos que não o de interesse, apresenta como vantagem a possibilidade de adquirir os dados de modo prévio à construção e, assim, utilizá-los no planejamento da gestão de resíduos. Em oposição à medição direta, os dados são obtidos em outro espaço-tempo, muitas vezes com outras equipes de trabalho, de maneira que a correspondência entre as taxas de geração tende a não ser plena. Como característica comum, tem-se que ambos os métodos de medição demandam tempo, uma vez que as construções são executadas na maioria das vezes em fases distribuídas desigualmente ao longo de meses, e estabelecer as taxas de geração de resíduos para cada uma dessas fases é moroso.

Quanto aos métodos que utilizam taxas de geração originadas de aspectos demográficos, financeiros ou geométricos, eles costumam ser úteis em situações de planejamento de macroescala (municípios, regiões). Vários estudos já demonstraram que há correspondência direta entre a geração de resíduos sólidos e a atividade econômica, representada por meio do produto interno bruto (PIB). A explicação para isso decorre basicamente da relação direta entre consumo de bens e serviços e resíduos. Assim, quanto mais rica uma população, mais ela consome e, por conseguinte, mais gera resíduos. Essa relação é bastante clara quando se relaciona o PIB aos resíduos sólidos urbanos.

Quanto aos resíduos de construção civil, essa correspondência existe, mas não é linear. Isso porque a geração de resíduos de construção está associada não só ao poder de compra dos consumidores, mas também ao estágio de desenvolvimento do mercado da construção local/regional. Assim, municípios em expansão territorial tendem a ter um percentual maior de resíduos de construção em relação à geração total de resíduos sólidos urbanos (RSU). Nesses municípios, a proporção entre RCD/RSU chega a ser superior a 60%, enquanto em municípios cujo mercado da construção está estagnado esse percentual não ultrapassa os

40%. Na média, nos municípios brasileiros, a relação RCD/RSU é da ordem de 50%. Conhecer esse indicador auxilia sobremaneira os gestores públicos na definição de políticas voltadas à gestão dos resíduos sólidos.

Por fim, no consentâneo ao trabalho de Wu et al. (2014), têm-se os métodos classificados como acumulação por sistemas de classificação. Trata-se da quantificação de resíduos para uma situação previamente conhecida, onde as taxas de geração são controladas e convenientemente agrupadas segundo classes de resíduos.

5.4 Modelos de predição disponíveis

Estão cada vez mais disponíveis modelos de predição na literatura, cada um com suas peculiaridades, tendo sido elaborados em contextos distintos, em momentos diferentes, que devem ser respeitados pelos projetistas. Como forma de ilustrar as diversas possibilidades para o cálculo estimativo de resíduos, apresentam-se a seguir alguns exemplos da literatura.

Boa parte desses modelos é internacional, devendo-se tomar os devidos cuidados em relação à sua condição de validade e aplicabilidade. A maior parte dos modelos desconsidera as atividades de escavação de solos como geradoras de resíduos, ou seja, deixam de levar em conta os resíduos de solo associados em seus resultados. Para facilitar a busca pelo método mais adequado, apresenta-se no Quadro 5.1 um resumo com as principais potencialidades e características dos métodos citados.

É importante ressaltar que os métodos de predição apresentados são meras tentativas de representar padrões de geração de resíduos a partir de dados de obras. Considerando a complexidade do fenômeno, em determinados casos um método será mais adequado e em outros casos outro método será melhor, não se podendo afirmar que um dos métodos é superior aos demais. É uma área científica ainda recente, em evolução, com poucos dados confiáveis e detalhados disponíveis, e tais modelos tendem a ser aprimorados ao longo dos anos. A cultura brasileira de execução das obras essencialmente *in loco* torna o prognóstico de resíduos bastante difícil e dependente de variáveis humanas, faltando padronização na execução dos serviços e disciplina para o gerenciamento dos resíduos, entre outros aspectos correlatos. A utilização de técnicas computacionais mais recentes na predição de resíduos, tais como o BIM e o aprendizado de máquinas (*machine learning*), é uma tendência. Alguns estudos preliminares foram identificados na literatura, sendo oportunamente citados.

Passa-se então à apresentação dos métodos identificados na literatura. Na sequência de cada um deles, será mostrado um caso real com a aplicação do respectivo método, comparando-se os resultados obtidos com os volumes medidos na obra.

Quadro 5.1 **Resumo das potencialidades e características dos métodos de quantificação de resíduos**

Método	Aplicação	Requisitos	Vantagens	Desvantagens
Índia (2017)	Cálculo da quantidade total de resíduos para novas construções, reformas e demolições	Área do projeto	Simplicidade de cálculo	Resume o complexo processo de geração de resíduos a um único índice, que representa taxas de geração propostas para a realidade indiana
Nagalli e Carvalho (2018)	Cálculo da quantidade total de resíduos em obras de construção de edifícios verticais residenciais	Área total construída, equipes de trabalho, cronograma e frequência de fiscalização	Elaborado para a realidade brasileira. Originado a partir de grande quantidade de amostras (48). Inclui no cálculo os resíduos de solos de escavação	Necessita de conhecimento sobre a forma de gestão da empresa em relação à questão dos resíduos
Dias (2013) e Kern et al. (2015)	Cálculo da quantidade total de resíduos para obras de construção de edifícios verticais altos	Área, forma/compacidade, repetição de pavimentos (tipo), quantidade interna de paredes, sistema construtivo, organização do canteiro e práticas de reaproveitamento	Elaborado para a realidade brasileira. Robustez estatística das variáveis	Dificuldade de obtenção de alguns parâmetros geométricos das plantas arquitetônicas para a definição da compacidade

Quadro 5.1 (continuação)

Método	Aplicação	Requisitos	Vantagens	Desvantagens
Caetano, Fagundes e Gomes (2018)	Cálculo da quantidade total de resíduos para obras de edifícios em alvenaria estrutural	Área, forma/compacidade, repetição de pavimentos (tipo), quantidade interna de paredes, sistema construtivo, organização do canteiro e práticas de reaproveitamento	Elaborado para a realidade brasileira. Robustez estatística das variáveis	Dificuldade de obtenção de alguns parâmetros geométricos das plantas arquitetônicas para a definição da compacidade
Amor (2017)	Cálculo da quantidade de resíduos de madeira de uso provisório em obras de edifícios verticais	Número de pavimentos, subsolos, quantidade de concreto consumida, tapumes e utilização da madeira	Elaborado para a realidade brasileira. Robustez estatística das variáveis	Erro estatístico intrínseco ao método
Nascimento (2018)	Cálculo da quantidade total de resíduos para obras de edificações verticais	Área total construída, densidade de paredes, sistema produtivo, organização do canteiro	Adequado à realidade brasileira. Maior simplicidade em relação ao modelo de Dias (2013) na aquisição de informações de entrada	Necessita de conhecimento do projeto arquitetônico para a definição do parâmetro densidade de paredes
Recife (2019)	Cálculo da quantidade diária média de resíduos para obras de construção, demolição ou escavação de solos em edificações	Área total construída, duração das atividades, profundidade da escavação	Adequado à realidade brasileira. Simples aplicação. Utiliza poucos e disponíveis dados	Impõe as taxas de geração de resíduos, embora possa ser adaptado

Quadro 5.1 (continuação)

Método	Aplicação	Requisitos	Vantagens	Desvantagens
Llatas (2011)	Cálculo da quantidade total de resíduos para obras de edificações	Listagem dos materiais de construção que serão utilizados na obra	Método sistemático	Elaborado para a realidade europeia
Solís--Guzmán et al. (2009) ou modelo de Alcores	Estimativa de resíduos em atividades de demolição ou construção	Taxas de geração de resíduos e volume dos materiais empregados na obra	Possibilidade de automação do processo de cálculo	Dificuldade de aquisição das informações necessárias à aplicação do modelo, uma vez que a maioria das obras ainda não é modelada em BIM. Elaborado no contexto espanhol
Nagalli (2012)	Cálculo da quantidade total de resíduos em obras de construção de edifícios verticais residenciais	Características do processo produtivo, fiscalização e cronograma da obra	Elaborado para a realidade brasileira	Necessita de bom conhecimento sobre a forma de gestão da obra
Báez et al. (2012)	Cálculo da quantidade de resíduos para obras ferroviárias	Características do projeto da ferrovia, unidades funcionais (comprimento da ferrovia, número de juntas, comprimento dos viadutos etc.)	Bom nível de detalhamento do projeto. Simplicidade	Não há
Li et al. (2016)	Cálculo da quantidade total de resíduos em obras de construção	Quantidades de material de construção adquiridas e taxas de geração de resíduos	Simplicidade de cálculo. Bom grau de controle sobre a geração de resíduos	Dificuldades associadas à precisão das taxas de geração de resíduos

5.4.1 Método proposto pelo governo indiano

O método proposto pelo governo da Índia (2017) para o cálculo estimativo da quantidade de resíduos gerada considera a seguinte fórmula, adaptada para unidades do Sistema Internacional:

$$Q_p = A \cdot G_{ave}$$

em que:
Q_p: quantidade total de resíduos do projeto, em kg;
A: área do projeto, em m²;
G_{ave}: taxa de geração média, conforme a Tab. 5.9.

Tab. 5.9 Indicadores de aplicação do método indiano

Tipo	Residencial (kg/m²)	Não residencial (kg/m²)
Novas construções	21,38	18,99
Reformas	Variável	86,27
Demolições	561,48	756,77

Fonte: adaptado de Franklin Associates (1998 apud Índia, 2017).

Exemplo – Índia (2017)

Pretende-se demolir uma residência com 200 m² de área total construída. Utilizando o método proposto pelo governo indiano, calcule a quantidade total de resíduos que será gerada, em volume, admitindo que a massa específica do entulho é igual a 1.500 kg/m³.

Resposta:

A taxa de geração para demolições residenciais proposta por Franklin Associates (1998 apud Índia, 2017), que integra o método proposto pelo governo indiano, é G_{ave} = 561,48 kg/m². Utilizando a fórmula de cálculo do método, tem-se:

$$Q_p = A \cdot G_{ave}$$

$$Q_p = 200 \times 561{,}48 = 112.296 \text{ kg}$$

$$Q = 112.296/1.500 = 74{,}9 \text{ m}^3$$

5.4.2 Método de Nagalli e Carvalho (2018)

O método proposto por Nagalli e Carvalho (2018) estima o volume total de resíduos a partir dos seguintes parâmetros: área total construída, criticidade do cronograma de desenvolvimento da obra, tipo de alvenaria de fechamento (concreto, cerâmica), dimensão das equipes de trabalho e intensidade/frequência de fiscalização do processo de gestão de resíduos.

A partir da análise de dados de geração de resíduos de 48 obras de edifícios verticais no município de Curitiba (PR), foi proposta uma equação preditiva, com base em estudos de regressão linear. O modelo proposto apresentou bons resultados para empreendimentos com área total construída superior a 4.000 m², revelando-se melhor na predição do que adotar simples taxas de geração.

É importante salientar que o modelo busca predizer a quantidade total de resíduos gerados, inclusive os de terraplenagem. Por esse motivo, deve-se estar atento à utilização do resultado, uma vez que na literatura os percentuais de resíduos gerados em obra muitas vezes desprezam essa quantidade de solo escavado. A vantagem do método é que, tendo sido validado em grande quantidade de empreendimentos, incorpora "um subsolo de garagens escavado médio", o que facilita os cálculos.

Para o cálculo da quantidade total de resíduos, deve-se utilizar a seguinte fórmula:

$$Q = 0{,}63 \cdot A + 2.846{,}8 \cdot T - 788{,}6 \cdot L - 1.861{,}4 \cdot C + 5.744{,}6 \cdot M - 1.866{,}6 \cdot Sc - 511{,}8 \cdot R - 1.844{,}9 \cdot P + 247{,}9 \cdot SO - 916{,}1 \cdot FC + 1.066{,}3 \cdot FO + 6.686{,}6$$

em que:

Q: quantidade total estimada de resíduos para o empreendimento, em m³;

A: área total construída, em m²;

T: treinamento prévio da equipe de trabalho para a gestão dos resíduos (0 se treinada, 1 se não treinada);

L: tamanho da equipe de trabalho é menor que o desejável (1 se verdadeiro, 0 se falso);

C: tamanho da equipe de trabalho é compatível com o desejável (1 se verdadeiro, 0 se falso);

M: tipo de alvenaria de fechamento (concreto = 1, cerâmica = 0);

Sc: fiscalização do gerenciamento de resíduos é rara ou inexistente (1 se verdadeiro, 0 se falso);

R: fiscalização do gerenciamento de resíduos é regular (1 se verdadeiro, 0 se falso);

P: fiscalização do gerenciamento de resíduos é permanente (1 se verdadeiro, 0 se falso);

SO: cronograma executivo "apertado" (1 se verdadeiro, 0 se falso);

FC: cronograma executivo regular (1 se verdadeiro, 0 se falso);
FO: cronograma executivo flexível e com folga (1 se verdadeiro, 0 se falso).

No método, o termo *fiscalização* é entendido como uma auditoria interna ou externa (ou supervisão), por agentes públicos ou privados, da própria construtora ou de terceiros, que visa verificar a conformidade legal e normativa da gestão dos resíduos no canteiro de obras e fornecer a respectiva orientação para ações corretivas (por exemplo, por meio de um consultor). Na definição da frequência de fiscalização (parâmetros Sc, R e P), adota-se como critério o seguinte:

- Sc (*scarce*): quando ações de fiscalização não ocorrem durante a execução da obra ou acontecem em frequência inferior à mensal.
- R (*regular*): quando a frequência de ações de fiscalização é de uma a quatro vezes ao mês.
- P (permanente): quando ocorrem ações de fiscalização em frequência superior a uma inspeção por semana.

Exemplo – Nagalli e Carvalho (2018)

Estime, pelo método de Nagalli e Carvalho (2018), a quantidade de resíduos gerada em um edifício vertical cuja obra apresenta as seguintes características: área total construída de 10.000 m², equipe de trabalho não treinada para a gestão de resíduos, tamanho da equipe compatível com o desejável, alvenaria de fechamento cerâmica, fiscalização do gerenciamento regular e cronograma executivo "apertado". Calcule ainda a quantidade de resíduos a ser destinada na obra, por tipo, admitindo que sua geração é distribuída na seguinte proporção: 92,8% de resíduos Classe A, 6,5% de resíduos Classe B, 0,5% de resíduos Classe C e 0,2% de resíduos Classe D.

Resposta:

Aplicando os critérios do enunciado à fórmula do método, tem-se:

$$Q = 0{,}63 \cdot A + 2.846{,}8 \cdot T - 788{,}6 \cdot L - 1.861{,}4 \cdot C + 5.744{,}6 \cdot M - 1.866{,}6 \cdot Sc - 511{,}8 \cdot R - 1.844{,}9 \cdot P + 247{,}9 \cdot SO - 916{,}1 \cdot FC + 1.066{,}3 \cdot FO + 6.686{,}6$$

$$Q = 0{,}63 \times 10.000 + 2.846{,}8 \times 1 - 788{,}6 \times 0 - 1.861{,}4 \times 1 + 5.744{,}6 \times 0 - 1.866{,}6 \times 0 - 511{,}8 \times 1 - 1.844{,}9 \times 0 + 247{,}9 \times 1 - 916{,}1 \times 0 + 1.066{,}3 \times 0 + 6.686{,}6$$

$$Q = 13.708{,}1 \text{ m}^3$$

Assim, considerando as proporções enunciadas de resíduos, chega-se a:

Resíduos Classe A = 92,8% × 13.708,1 = 12.721,1 m³
Resíduos Classe B = 6,5% × 13.708,1 = 891,0 m³
Resíduos Classe C = 0,5% × 13.708,1 = 68,5 m³
Resíduos Classe D = 0,2% × 13.708,1 = 27,4 m³

5.4.3 Método de Dias (2013) e Kern et al. (2015)

Um grupo de pesquisa da Universidade do Vale do Rio dos Sinos (em São Leopoldo, RS) propôs um método, inicialmente apresentado por Dias (2013) e na sequência publicado por Kern et al. (2015), para quantificar resíduos em edifícios altos. Originou-se a partir de estudos estatísticos de regressão múltipla de dados de 18 obras de edifícios verticais residenciais na região metropolitana de Porto Alegre (RS), executadas no período de 2008 a 2013, por dez construtoras diferentes. Na definição do modelo, foram considerados aspectos de projeto (área, forma/compacidade, repetição de pavimentos (tipo) e quantidade interna de paredes) e aspectos de produção (sistema construtivo, organização do canteiro e práticas de reaproveitamento). A fórmula proposta por Dias (2013) e Kern et al. (2015), ajustada estatisticamente, para o cálculo da quantidade total de resíduos gerados em edifícios verticais é:

$$VR = -5.202{,}886 + (5.138{,}519 \cdot T/T) + (1{,}411 \cdot ATP) + (22{,}968 \cdot IeC) + (375{,}155 \cdot SP) + (-783{,}296 \cdot RR) + \varepsilon$$

em que:
VR: volume total de resíduos, em m³;
T/T: resultado da divisão do número de pavimentos-tipo pelo número total de pavimentos do edifício (tipo/total);
ATP: área do pavimento-tipo do edifício a construir, em m²;
IeC: índice econômico de compacidade;
SP: sistema produtivo (escala de 1 a 3, conforme descrito na Tab. 5.10);
RR: reaproveitamento de resíduos (igual a 0 se não há práticas de reaproveitamento, igual a 1 se elas existem);
ε: erro estatístico.

O índice econômico de compacidade (IeC) incorpora arestas e planos curvos no cálculo, através de incremento no perímetro, podendo ser calculado como:

$$IeC = \frac{2\sqrt{Ap \cdot \pi}}{Pep} \times 100$$

em que:
IeC: índice econômico de compacidade;
Ap: superfície de projeto;
Pep: perímetro econômico de projeto.

O perímetro econômico de projeto (Pep) é uma relação percentual estabelecida entre o perímetro de um círculo de igual área do projeto e o perímetro das paredes exteriores do projeto, sendo representado por:

$$Pep = Ppr + 1,5Ppc + \frac{nA}{2}$$

em que:
Ppr: perímetro das paredes exteriores retas;
Ppc: perímetro das paredes exteriores curvas;
nA: número de arestas das fachadas.

Conforme salienta Postay et al. (2015), quanto mais próximo do valor máximo do IeC, que é 100 no círculo, menores os custos de construção, sendo que o índice da geometria do quadrado é 88,6, e tal valor dificilmente é atingido pelo tipo arquitetônico dos projetos típicos.

Tab. 5.10 **Sistema produtivo**

Sistema produtivo	Descrição	Valor (que irá para a fórmula)
Sistema artesanal	Obras com estrutura em concreto armado moldado *in loco*, alvenaria de vedação sem paginações, alvenaria de divisão interna em tijolos, corte e dobra do aço realizados no canteiro, produção de argamassa no canteiro e poucos equipamentos de transporte na obra	1

Tab. 5.10 (continuação)

Sistema produtivo	Descrição	Valor (que irá para a fórmula)
Sistema intermediário quanto à industrialização	Obras com estrutura em concreto armado moldado no local, alvenaria de vedação sem paginação, alvenaria de divisão interna em tijolos, corte e dobra do aço industrializados, emprego de argamassa industrializada, utilização de alguns componentes pré-fabricados e alguns equipamentos de transporte na obra	2
Sistema construtivo com práticas industrializadas	Obras com estrutura em concreto armado moldado *in loco*, alvenaria de vedação externa em blocos racionalizados com projeto de paginação, toda a alvenaria de divisão interna dos apartamentos em gesso acartonado, corte e dobra do aço industrializados, emprego de argamassa industrializada, utilização de componentes pré-fabricados, ampla aplicação de equipamentos de transporte na obra e emprego da filosofia da construção enxuta, especialmente no que diz respeito ao abastecimento otimizado de materiais nos postos de trabalho (ferramentas de gestão como *kanban* e *just in time*)	3

Fonte: Dias (2013) e Kern et al. (2015).

Exemplo – Dias (2013) e Kern et al. (2015)

Deseja-se estimar a quantidade total de resíduos de construção gerados em uma obra vertical residencial pelo método de Dias (2013) e Kern et al. (2015). Sabe-se que o empreendimento possui as seguintes características: 22 pavimentos no total, 20 pavimentos-tipo, área do pavimento-tipo de 350 m², IeC igual a 0,8, sistema produtivo tipo artesanal e sem previsão de reaproveitamento de resíduos na obra. Nesses termos, calcule a quantidade total de resíduos gerados.

Resposta:

Negligenciando os erros associados ao método e aplicando sua fórmula:

$$VR = -5.202,886 + (5.138,519 \cdot T/T) + (1,411 \cdot ATP) + (22,968 \cdot IeC) + (375,155 \times 1)$$
$$+ (-783,296 \cdot RR)$$

$$VR = -5.202,886 + (5.138,519 \times 20/22) + (1,411 \times 350) + (22,968 \times 0,8) + (375,155 \times 1)$$
$$+ (-783,296 \times 0)$$

$$VR = 355,869 \text{ m}^3$$

5.4.4 Método de Dias (2013) e Kern et al. (2015) adaptado por Caetano, Fagundes e Gomes (2018) para obras em alvenaria estrutural

O método proposto por Dias (2013) e Kern et al. (2015) para a quantificação de resíduos revelou-se inadequado à aplicação em obras em alvenaria estrutural. Por esse motivo, Caetano, Fagundes e Gomes (2018), por meio da atualização do banco de dados original, propuseram uma nova fórmula para a estimativa de resíduos para os casos em que a alvenaria estrutural é a solução de engenharia proposta. Trata-se de um modelo bastante similar ao de Dias (2013) e Kern et al. (2015), tendo-se os mesmos parâmetros de entrada, que, ajustados ao modelo estatístico por meio de regressão múltipla, levaram à fórmula:

$$VR = -6.581,931 + (6.286,927 \cdot T/T) + (1,616 \cdot ATP) + (30,189 \cdot IeC) + (331,328 \cdot SP)$$
$$+ (-787,682 \cdot RR) + \varepsilon$$

em que:
VR: volume total de resíduos, em m³;
T/T: resultado da divisão do número de pavimentos-tipo pelo número total de pavimentos do edifício (tipo/total);
ATP: área do pavimento-tipo do edifício a construir, em m²;
IeC: índice econômico de compacidade, conforme descrito no método de Dias (2013);
SP: sistema produtivo, conforme descrito no método de Dias (2013) (escala de 1 a 3);
RR: reaproveitamento de resíduos (igual a 0 se não há práticas de reaproveitamento, igual a 1 se elas existem);
ε: erro (variação estatística, característica do modelo de regressão linear múltipla).

Exemplo – Caetano, Fagundes e Gomes (2018)

Deseja-se estimar a quantidade total de resíduos de construção gerados em uma obra vertical residencial executada em alvenaria estrutural pelo método de Dias (2013) e Kern et al. (2015) adaptado por Caetano, Fagundes e Gomes (2018). Sabe-

-se que o empreendimento possui as seguintes características: 9 pavimentos no total, 8 pavimentos-tipo, área do pavimento-tipo de 350 m², IeC igual a 0,8, sistema produtivo tipo artesanal e sem previsão de reaproveitamento de resíduos na obra. Nesses termos, calcule a quantidade total de resíduos gerados.

Resposta:
Negligenciando os erros associados ao método e aplicando sua fórmula:

$$VR = -6.581,931 + (6.286,927 \cdot T/T) + (1,616 \cdot ATP) + (30,189 \cdot IeC) + (331,328 \cdot SP) + (-787,682 \cdot RR)$$

$$VR = -6.581,931 + (6.286,927 \times 8/9) + (1,616 \times 350) + (30,189 \times 0,8) + (331,328 \times 1) + (-787,682 \times 0)$$

$$VR = -72,472 \text{ m}^3$$

Note-se que o valor negativo obtido representaria uma geração de resíduos negativa, o que não é possível, principalmente porque não houve reaproveitamento de resíduos na obra. Todavia, o resultado obtido é estatisticamente válido, uma vez que dentro do intervalo de erro proposto pelo método (de 10,62% a 54,94%). Dessa forma, nesse caso específico, restaria ao projetista adotar outro método estimativo, devendo sempre estar atento às limitações de cada um deles.

5.4.5 Método de Amor (2017) para o cálculo de resíduos de madeira de uso provisório em obras de edifícios verticais

O método proposto por Amor (2017) foi desenvolvido com base metodológica estatística similar à de Dias (2013), Kern et al. (2015) e Caetano, Fagundes e Gomes (2018) e visa à quantificação dos resíduos de madeira de uso provisório em obras de edifícios verticais. Por meio de regressão múltipla, obteve-se a seguinte fórmula para estimar a quantidade total de resíduos de madeira de uso provisório:

$$VRM = -39,678 + (10,808 \cdot n.pav) - (9,807 \cdot sub) - (0,016 \cdot concreto) + (0,336 \cdot tapume) + (2,175 \cdot i.usomadeira) + \varepsilon$$

em que:
VRM: volume total de resíduos de madeira, em m³;
n.pav: número de pavimentos;

sub: número de pavimentos de subsolo;
concreto: consumo de concreto na obra, em m³;
tapume: comprimento linear de tapume de madeira, em m;
i.usomadeira: índice de uso de madeira na confecção dos equipamentos de proteção coletiva e instalações provisórias;
ε: erro estatístico.

O índice de uso da madeira (i.usomadeira), numa escala de 0 a 10, é calculado segundo a expressão:

$$i.usomadeira = \frac{uso\ da\ madeira}{possibilidades\ de\ uso} \times 10$$

em que:
i.usomadeira: índice de uso da madeira na obra;
uso da madeira: uso da madeira na confecção das instalações provisórias e/ou proteções coletivas da obra;
possibilidades de uso: número de instalações provisórias e/ou proteções coletivas da obra.

Citando Amor (2017), foi considerada a possibilidade do uso da madeira na confecção das seguintes instalações provisórias e proteções coletivas: canteiro de obras, tapumes, pisos de andaime fachadeiro, bandejas e guarda-corpo de proteção. Ainda segundo o autor, a taxa de uso da madeira foi obtida através da relação do emprego da madeira em comparação com as possibilidades, multiplicando essa relação por 10. O exemplo dado por Amor (2017) foi: se a obra possuía canteiro, tapume, bandeja e guarda-corpo (quatro itens), mas a madeira foi utilizada somente na confecção de canteiro, bandeja e guarda-corpo (três itens), o resultado obtido para o índice será de ¾ × 10, ou seja, 7,5.

Exemplo – Amor (2017)

Deseja-se calcular a quantidade total de resíduos de madeira de uso provisório em um edifício com as seguintes características: 15 pavimentos, dois subsolos de garagem, 2.500 m³ de concreto consumidos na obra e 30 m de tapume. A obra possui canteiro, tapume, bandeja e guarda-corpo e a madeira será utilizada em todos esses itens. Utilizando o método proposto por Amor (2017), calcule os resíduos de madeira de uso provisório previstos para a obra.

Resposta:
Desconsiderando os erros estatísticos inerentes ao método e empregando sua fórmula:

$$VRM = -39{,}678 + (10{,}808 \cdot n.pav) - (9{,}807 \cdot sub) - (0{,}016 \cdot concreto)$$
$$+ (0{,}336 \cdot tapume) + (2{,}175 \cdot i.usomadeira)$$

$$VRM = -39{,}678 + (10{,}808 \times 15) - (9{,}807 \times 2) - (0{,}016 \times 2.500) + (0{,}336 \times 30) + (2{,}175 \times 4/4)$$

$$VRM = 75{,}083 \text{ m}^3$$

5.4.6 Método de Nascimento (2018)

Com base na análise de dados de 22 obras verticais novas no município de Belém (PA), Nascimento (2018) elaborou um modelo para estimar a geração total de resíduos de construção civil. O modelo foi proposto com base em análise de regressão linear múltipla, utilizando como variáveis independentes os parâmetros: área total construída, densidade de paredes, sistema produtivo e organização do canteiro. Ficou evidenciado que o parâmetro que mais influenciou a geração dos resíduos foi o sistema produtivo. Em metodologia investigativa similar à de Dias (2013), a autora propõe a seguinte equação para a estimativa dos resíduos:

$$VR = 1.242{,}569 - (0{,}044 \cdot AT) - (4.022{,}696 \cdot DP) - (443{,}805 \cdot OC) + (2.760{,}640 \cdot SP) + \varepsilon$$

em que:
VR: volume total de resíduos, em m³;
AT: área total a construir, em m²;
DP: densidade de paredes, em m/m²;
OC: organização do canteiro (escala de 1 a 5, em que 1 corresponde a um canteiro desorganizado e 5 a um canteiro bem organizado);
SP: sistema produtivo, conforme descrito no modelo de Dias (2013) (escala de 1 a 3);
ε: erro (variação estatística, característica do modelo de regressão linear múltipla).

Como referência, no estudo, Nascimento (2018) identificou variação no parâmetro densidade de parede (DP) de 0,18 a 0,72, com valor médio de 0,40 ± 0,11, tendo analisado edifícios com 7.000 m² a 42.000 m² de área total construída.

Exemplo – Nascimento (2018)
Deseja-se estimar a quantidade total de resíduos de construção gerados em uma obra vertical residencial pelo método de Nascimento (2018). Sabe-se que o empreendimento possui as seguintes características: área total construída de 7.700 m², DP igual a 0,45, sistema produtivo tipo artesanal, canteiro medianamente organizado. Nesses termos, calcule a quantidade total de resíduos gerados.

Resposta:
Negligenciando os erros associados ao método e aplicando sua fórmula:

$$VR = 1.242{,}569 - (0{,}044 \cdot AT) - (4.022{,}696 \cdot DP) - (443{,}805 \cdot OC) + (2.760{,}640 \cdot SP)$$

$$VR = 1.242{,}569 - (0{,}044 \times 7.700) - (4.022{,}696 \times 0{,}45) - (443{,}805 \times 3) + (2.760{,}640 \times 1)$$

$$VR = 522{,}781 \text{ m}^3$$

5.4.7 Método da Prefeitura de Recife (PE)

Em suas diretrizes para a elaboração de Projetos de Gerenciamento de Resíduos da Construção Civil (PGRCC), a Prefeitura Municipal de Recife (Recife, 2019) estabeleceu indicadores de geração de resíduos que podem ser utilizados no processo de quantificação. Basicamente, é necessário conhecer a duração da obra (em dias) e a área construída, para processos de construção ou de demolição. A diretriz traz ainda uma forma de estimar os resíduos para a atividade de escavação de solos, a partir da área escavada, da densidade aparente do material (definida como 1.400 kg/m³), da profundidade de escavação e do número de dias utilizados na escavação. Está implícito que o método se aplica apenas a obras de edificações e que a menção à área se refere à área de piso (*gross floor area*). O método propõe as seguintes fórmulas:

Para obras de construção:

$$Q = \frac{A \cdot TGR}{t}$$

em que:
Q: quantidade média diária estimada de resíduos, em kg/dia;
A: área a ser construída, em m²;

TGR: taxa de geração de resíduos, igual a 75 kg/m² para obras de construção;
t: número de dias efetivamente utilizados para a construção, em dias.

Para obras de demolição:

$$Q = \frac{A \cdot TGR}{t}$$

em que:
Q: quantidade média diária estimada de resíduos, em kg/dia;
A: área a ser demolida, em m²;
TGR: taxa de geração de resíduos, igual a 800 kg/m² para obras de demolição;
t: número de dias efetivamente utilizados para a demolição, em dias.

Para a atividade de escavação de solos:

$$Q = \frac{A \cdot TGR \cdot p}{t}$$

em que:
Q: quantidade média diária estimada de resíduos, em kg/dia;
A: área a ser escavada, em m²;
TGR: taxa de geração de resíduos, igual a 1.400 kg/m² para a atividade de escavação de solos;
p: profundidade da escavação, em m;
t: número de dias efetivamente utilizados para a escavação, em dias.

Exemplo – Recife (2019)

Pretende-se empreender uma edificação provisória, que será construída em 200 dias e, após o uso, será demolida em 15 dias. A edificação, com área total construída de 800 m², possuirá um subsolo de garagem de mesma área, com profundidade de 4,5 m. Vislumbra-se que a atividade de escavação durará 18 dias de trabalho. Nesses termos, utilize o método proposto pela Prefeitura Municipal de Recife para quantificar os resíduos gerados em toda a obra. Expressar os resultados em kg/dia.

Resposta:
Para obras de construção:

$$Q = \frac{A \cdot TGR}{t}$$

$$Q = \frac{800 \times 75}{200} = 300 \text{ kg/dia}$$

Para obras de demolição:

$$Q = \frac{A \cdot TGR}{t}$$

$$Q = \frac{800 \times 800}{15} = 42.666,7 \text{ kg/dia}$$

Para a atividade de escavação de solos:

$$Q = \frac{A \cdot TGR \cdot p}{t}$$

$$Q = \frac{800 \times 1.400 \times 4,5}{18} = 280.000 \text{ kg/dia}$$

5.4.8 Métodos implantados em ambiente BIM

A tendência atual de migração das informações de projeto e planejamento das obras para o ambiente digital e a possibilidade de compatibilização e integração destas em um ambiente único fazem com que o *Building Information Modeling* (BIM) venha se tornando referência no setor. Considerando esse potencial para a gestão das obras, a gestão dos resíduos também vem sendo buscada em ambiente BIM por diversos pesquisadores (Barros; Hochleitner, 2017; Liu et al., 2015; Guerra et al., 2019). A grande vantagem de quantificar resíduos em ambiente BIM é a possibilidade de automatização dos cálculos preditivos, de modo que eventuais alterações de projeto (inclusão/exclusão de paredes, alterações de dimensões de estruturas etc.) são automaticamente incorporadas nos cálculos de resíduos, levando a estimativas atualizadas. Além dessa ferramenta para o planejamento dos resíduos, vislumbra-se também a possibilidade de inserir rotinas para a gestão dos resíduos ao longo da obra (BIM 4D, 5D, 6D etc.).

Apenas para exemplificar a questão, Guerra et al. (2019) calcularam os resíduos de concreto e de gesso acartonado gerados em um empreendimento residencial a partir das quantidades de materiais calculadas para o projeto. A grande dificuldade que permanece é definir, de modo acurado, as taxas de geração de resíduos a serem introduzidas no ambiente BIM e que, como visto, variam em função de diversas características das obras (sistemas produtivos, cronograma, produtividade, equipe de trabalho, cultura empresarial, treinamentos etc.). Todavia, é inevitável que a indústria da construção migre seus processos de gestão de resíduos para esse modo de gestão integrado e compatibilizado.

Um aspecto importante quando da utilização do BIM para a gestão/quantificação dos resíduos é que se deve estar atento à origem do parâmetro taxa de geração de resíduos (TGR) que será introduzido no modelo. Isso porque a TGR tanto pode estar vinculada à quantidade de material que consta em projeto (quantitativo de materiais) quanto pode estar associada à quantidade de material adquirida para a obra (que inclui perdas e sobras). Em outras palavras, se o que se pretende é predizer a quantidade de resíduos do piso de uma cozinha de 10 m² de área, e o habitual é adquirir cerca de 10% a mais de revestimentos cerâmicos para esse piso (11 m²) por conta de recortes ou quebras, ao modelar a questão no BIM deve-se estar ciente se a TGR em uso é referente aos 11 m²/10 m² ou aos 10 m²/10 m².

Com o advento da "internet das coisas", é provável que a alimentação de informações nesses modelos ocorra cada vez mais de modo automatizado, por meio da rotulagem de produtos, embalagens, conteúdo de caçambas estacionárias, apontamentos em campo com anotações em dispositivos móveis, imageamentos a *laser* etc.

5.4.9 Método de Llatas (2011)

Com o intuito de padronizar a nomenclatura e a codificação para os resíduos sólidos gerados nos países pertencentes ao bloco, a União Europeia propôs uma lista única, nominada de Lista Europeia de Resíduos (LER). Tal lista foi utilizada por Llatas (2011) como base para propor um modelo analítico para a predição da quantidade de RCDs.

O método proposto pela autora se fundamenta em duas variáveis principais: i) a quantidade de edificações ou canteiros de obra e seus respectivos materiais de construção e componentes, já classificados segundo seu tipo e quantidade de acordo com a LER; ii) os processos de transformação desses materiais ao longo da obra. A primeira informação é obtida a partir de dados de projetos e planilhas orçamentárias da obra, enquanto a segunda decorre dos processos construtivos/produtivos e sua forma de transformação dos materiais, intrínsecos às fontes geradoras e afetos aos tipos de resíduos. A fórmula proposta para a predição dos resíduos é assim definida por Llatas (2011):

$$CW_B = \sum_j CW_{SBEj} = \sum_{ji} CW_{BEi} = \sum_{ji} CW_{Pi} + \sum_{ji} CW_{Ri} + \sum_{ji} CW_{Si}$$

em que:

CW_B: volume de RCD esperado na construção;

CW_{SBEj}: volume de RCD esperado no sistema/processo construtivo "j";

CW_{BEi}: volume de RCD esperado para o elemento/material construtivo "i";

CW_{Pi}: volume de resíduo de embalagem associada ao elemento construtivo "i";

CW_{Ri}: volume de sobras esperado para o elemento construtivo "i";

CW_{Si}: volume de solo esperado para o elemento construtivo "i".

No que concerne às embalagens de cada elemento da construção, os tipos e as quantidades de resíduos associados, codificados segundo a LER, podem ser estimados como:

$$CW_{Pi} = \sum_k (LER)_{Pk} \cdot Q_i \cdot F_P \cdot F_C \cdot F_I$$

em que:

CW_{Pi}: volume de resíduos de embalagem esperado para o elemento construtivo "i";

LER_{Pk}: código do resíduo de embalagem número "k", de acordo com a lista europeia;

Q_i: quantidade de elemento/material construtivo "i", na unidade de medida do projeto (U);

F_P: fator de resíduos de empacotamento/embalagem;

F_C: fator de conversão;

F_I: fator de aumento de volume (ou empolamento).

Em relação às sobras/rejeitos para cada elemento de construção, os tipos e as quantidades de resíduos associados, codificados segundo a LER, podem ser estimados como:

$$CW_{Ri} = \sum_k (LER)_{Rk} \cdot Q_i \cdot F_R \cdot F_C \cdot F_I$$

em que:

CW_{Ri}: volume de resíduos de embalagem esperado para o elemento construtivo "i";

LER_{Rk}: código do resíduo de embalagem número "k", de acordo com a lista europeia;

Q_i: quantidade de elemento/material construtivo "i", na unidade de medida do projeto (U);

F_R: fator de restos, rejeitos ou sobras;

F_C: fator de conversão;

F_I: fator de aumento de volume (ou empolamento).

No que se refere aos solos, os tipos e as quantidades de resíduos associados a cada elemento de construção, codificados segundo a LER, podem ser definidos como:

$$CW_{Si} = \sum_k (LER)_{Sk} \cdot Q_i \cdot F_S \cdot F_C \cdot F_I$$

em que:

CW_{Si}: volume de solo esperado para o elemento construtivo "i";

LER_{Sk}: código do solo número "k", de acordo com a lista europeia;

Q_i: quantidade de elemento/material construtivo "i", na unidade de medida do projeto (U);

F_S: fator de solo;

F_C: fator de conversão;

F_I: fator de aumento de volume (ou empolamento).

Não estão aqui detalhados os métodos que possibilitaram o cálculo dos fatores de geração de resíduos, os quais podem ser consultados diretamente em Llatas (2011), tendo sido definidos pela autora conforme apresentado na Tab. 5.11.

Tab. 5.11 **Fatores de geração de resíduos do método de Llatas (2011)**

Fator	Valor
F_P	0,750000
F_R	0,040000
F_S	0,787320
F_I	1,100000

O fator de conversão F_C é um fator de compatibilização de unidades de medida, sendo usado apenas quando a unidade de medida do material de construção ou da embalagem é diferente da unidade de medida do resíduo gerado. Por exemplo, os resíduos associados à montagem de armaduras são habitualmente mensurados em peso (sucata metálica) e expressos em kg. Uma vez que se deseja quantificar os resíduos em m³, o fator F_C corrigiria, portanto, essa distorção e corresponderia, nesse caso, à densidade aparente do material (kg/m³).

A Tab. 5.12 ilustra um exemplo de aplicação do método, trazido por Llatas (2011), para a quantificação de resíduos de uma caixa de inspeção em alvenaria com dimensões de 51 cm × 51 cm × 100 cm, calculando-se os resíduos gerados a partir das quantidades de material de construção e resíduos de escavação associadas à atividade.

Tab. 5.12 Exemplo de aplicação do método de Llatas (2011) – caixa de inspeção em alvenaria

Material de construção	Quantidade (Q)	Fatores			Resíduos gerados		
		$F_P/F_R/F_S$	F_C	F_I	V (m³)	Código LER	Tipo de resíduo
m³ argamassa	0,112	0,03	1,000000	1,100000	0,004	17 01 01	Concreto
m³ concreto	0,129	0,06	1,100000	1,100000	0,009	17 01 01	Concreto
m³ areia	0,303	0,01	1,000000	1,000000	0,003	17 05 04	Solo
t cimento	0,06	0,01	0,666666	1,000000	0,000	17 01 01	Concreto
	0,06	0,75	1,000000	0,025000	0,001	15 01 01	Papelão
	0,06	0,025	1,000000	1,100000	0,002	15 01 03	Pallet de madeira
m.u blocos	0,176	0,05	1,100000	1,250000	0,012	17 01 02	Blocos
	0,176	0,25	1,000000	1,100000	0,048	15 01 03	Pallet de madeira
	0,176	0,016	1,000000	2,000000	0,006	15 01 02	Plástico
un. materiais auxiliares	0,057	0,01	1,100000	1,000000	0,001	15 01 06	Embalagens misturadas
	0,027	0,01	1,100000	1,000000	0,000	17 09 04	Mistura de resíduos
un. escavação	1,000	0,78732	1,500000	1,200000	1,417	17 05 04	Solo

Exemplo – Llatas (2011)

Estime a geração de resíduos de construção associados à construção de um tanque séptico em concreto com dimensões de 100 cm × 100 cm × 180 cm, cuja quantidade de materiais de construção foi obtida a partir de seu projeto e cujo resumo é apresentado na Tab. 5.13.

Tab. 5.13 Exemplo de aplicação do método de Llatas (2011) – tanque séptico em concreto

Material de construção	Quantidade (Q)	Fatores			Resíduos gerados		
		$F_P/F_R/F_S$	F_C	F_I	V (m³)	Código LER	Tipo de resíduo
m³ argamassa	0,56	0,03	1,000000	1,100000	0,018	17 01 01	Concreto
m³ concreto	0,65	0,06	1,000000	1,100000	0,043	17 01 01	Concreto
m³ areia	1,52	0,01	1,000000	1,000000	0,015	17 05 04	Solo
t cimento	0,30	0,01	0,666666	1,000000	0,002	17 01 01	Concreto
	0,30	0,75	1,000000	0,025000	0,006	15 01 01	Papelão
	0,30	0,025	1,000000	1,100000	0,008	15 01 03	Pallet de madeira
m.u blocos	0,88	0,05	1,000000	1,250000	0,055	17 01 02	Blocos
	0,88	0,25	1,000000	1,100000	0,242	15 01 03	Pallet de madeira
	0,88	0,016	1,000000	2,000000	0,028	15 01 02	Plástico
un. materiais auxiliares	0,29	0,01	1,000000	1,000000	0,003	15 01 06	Embalagens misturadas
	0,14	0,01	1,000000	1,000000	0,001	17 09 04	Mistura de resíduos
un. escavação de tanque	1,80	0,78732	1,000000	1,200000	1,701	17 05 04	Solo

5.4.10 Método de Solís-Guzmán et al. (2009) ou modelo de Alcores

O Real Decreto Espanhol n° 105, de 1° de fevereiro de 2008, que regulamentou a gestão dos resíduos no país, inspirou Solís-Guzmán et al. (2009) a propor um método para a quantificação de resíduos, denominado modelo de Alcores. Com base no estudo de caso de cem projetos habitacionais, o método inclui o cálculo de três indicadores: volume demolido (the demolished volume – CT), volume de restos ou destroços (the wreckage volume – CR) e volume de embalagem (the packaging volume – CE).

Os autores consideraram que o volume demolido corresponde aos resíduos gerados durante os processos de demolição. O volume de restos ou destroços corresponde às perdas, recortes ou quebras de materiais durante a execução do serviço, incluindo solos de escavação. O parâmetro volume de embalagem é composto por materiais de embrulho, latas, pallets etc. utilizados no acondicionamento e no transporte.

Com vistas à padronização de nomenclatura e objetivando a aquisição de indicadores na literatura técnico-científica, o método classificou os resíduos de acordo com as diretrizes de composição de custos e orçamentos (Carvajal Salinas; Ramírez de Arellano Agudo; Rodríguez Cayuela, 1984; Consejería de Vivienda y Ordenación del Territorio de la Junta de Andalucía, 2008), que estabeleceu uma hierarquia de classificação dos resíduos baseada em capítulos e subcapítulos. O código de classificação de cada tipo de resíduo é formado por dois números e por duas letras. Os números correspondem às divisões principais da planilha orçamentária, chamadas de capítulos, e as letras correspondem às subdivisões seguintes, chamadas de subcapítulos. Por exemplo: 02TX corresponde ao capítulo 2 (serviços de terraplenagem) e ao subcapítulo TX (transporte de solos).

No método, considera-se que os resíduos são classificados em três tipos, associados a três fontes: i) volume aparente de resíduo demolido (VAD_i); ii) volume aparente de restos (VAR_i); e iii) volume aparente de embalagens (VAE_i). Tais categorias de classificação derivam do volume aparente construído (VAC_i), definido como o volume construído, em metros cúbicos por metro quadrado, de um item genericamente chamado "i". Para tal, vale-se da quantidade de serviço a ser executada, denominada genericamente Q_i, levantada a partir do orçamento da obra. O sistema usado é o unitário, e todos os dados são representados em valores relativos que expressam a quantidade de cada item (m, m², m³, kg, unidade etc.) por unidade de área (m²).

Os indicadores do modelo estão associados às características funcionais e às técnicas construtivas, que consideram a geração de resíduos relativamente homogênea (por conveniência). As unidades e os critérios de medida provêm das características geométricas que compõem cada item. Nesses termos, o volume aparente construído (VAC_i) é expresso como:

$$VAC_i = Q_i \cdot CC_i$$

em que:

VAC_i: volume aparente construído do item "i", em m³/m²;

Q_i: quantidade do item "i" em sua unidade específica ((m, m², m³, kg ou unidade)/m²);

CC_i: taxa de conversão da quantidade "i" em VAC, em m³/(unidade do Q_i).

Do modo como foi descrita, a fórmula pode ser utilizada na predição de quantidades de resíduos de quaisquer dos três tipos de resíduos (demolido, restos ou embalagens), dependendo do tipo de construção sob análise (construção ou demolição). Para isso, basta utilizar um coeficiente adimensional de transformação adequado, proposto pelo método como:

$$VAD_i = VAC_i \cdot CT_i = Q_i \cdot CC_i \cdot CT_i$$
$$VAR_i = VAC_i \cdot CR_i = Q_i \cdot CC_i \cdot CR_i$$
$$VAE_i = VAC_i \cdot CE_i = Q_i \cdot CC_i \cdot CE_i$$

em que:
CT_i: coeficiente de transformação de VAC em VAD (adimensional);
CR_i: coeficiente de transformação de VAC em VAR (adimensional);
CE_i: coeficiente de transformação de VAC em VAE (adimensional).

Para obras com processos de desagregação (demolição), a etapa final do processo preditivo do volume de resíduos de demolição (m³) consiste na multiplicação do VAD_i, em m³/m², pela área da edificação (m²).

Para novas construções, o método propõe como etapa final a adição dos resultados das multiplicações do VAR_i e do VAE_i, ambos em m³/m², pela área da edificação (m²). Os coeficientes CC_i, CT_i, CR_i e CE_i são definidos a partir da base de dados dos custos de construção andaluzes (Consejería de Vivienda y Ordenación del Territorio de la Junta de Andalucía, 2008).

Exemplo 1 – Solís-Guzmán et al. (2009)

Utilizando o método de Alcores, prediga os resíduos de construção para um novo empreendimento residencial, com área total construída de 1.200 m², edificado em torre única, com quatro pavimentos e quatro unidades habitacionais por pavimento, composta por elementos estruturais em concreto armado, fundações profundas compostas por estacas de 8 m de profundidade e telhado de cobertura.

Resposta:
Utilizando os coeficientes recomendados pelo método, propostos em Consejería de Vivienda y Ordenación del Territorio de la Junta de Andalucía (2008), tem-se a estimativa de resíduos apresentada na Tab. 5.14.

Tab. 5.14 Resultados do exemplo de aplicação do método de Solís-Guzmán et al. (2009)

Código	Unidade	Item	Q_i	CC_i	CR_i	CE_i	VAC_i	VAR_i	VAE_i	m³ de resíduo/ m²	m³ de resíduo/ 1.200 m²	%
02TX	m³	Movimentação de terra	0,20	1,0000	1,0000	0,0000	0,2000	0,2000	0,0000	0,2000	240,00	63,74%
03AX	kg	Concreto armado	5,19	0,0001	0,0500	0,0000	0,0005	0,0000	0,0000	0,0000	0,03	0,01%
03CP	m	Estacas	0,36	0,2826	0,0800	0,0000	0,1017	0,0081	0,0000	0,0081	9,77	2,59%
03HA	m³	Concreto armado para fundação	0,07	1,0000	0,0300	0,0000	0,0700	0,0021	0,0000	0,0021	2,52	0,67%
03HM	m³	Concreto	0,01	1,0000	0,0800	0,0000	0,0100	0,0008	0,0000	0,0008	0,96	0,25%
03HX	m³	Concreto para fundação	0,02	1,0000	0,0300	0,0000	0,0200	0,0006	0,0000	0,0006	0,72	0,19%
04EA	u	Depósitos	0,01	0,4000	0,0500	0,0500	0,0040	0,0002	0,0002	0,0004	0,48	0,13%
04EC	m	Coletores	0,05	0,0710	0,0600	0,0100	0,0036	0,0002	0,0000	0,0002	0,30	0,08%
04VB	m	Arrasamento	0,11	0,0130	0,0100	0,0200	0,0014	0,0000	0,0000	0,0000	0,05	0,01%
05FX	m²	Lajes de concreto	1,24	0,2500	0,0400	0,0200	0,3100	0,0124	0,0062	0,0186	22,32	5,93%
05HA	kg	Aço para concreto	12,67	0,0001	0,0500	0,0000	0,0013	0,0001	0,0000	0,0001	0,08	0,02%
05HH	m³	Concreto armado	0,10	1,0000	0,0300	0,0000	0,1000	0,0030	0,0000	0,0030	3,60	0,96%
06DX	m²	Muros	0,81	0,0500	0,0560	0,1000	0,0405	0,0023	0,0041	0,0063	7,58	2,01%
06DY	m²	Divisórias	0,89	0,0500	0,0560	0,1000	0,0445	0,0025	0,0045	0,0069	8,33	2,21%
06LX	m²	Blocos para exterior	0,95	0,1200	0,0560	0,1000	0,1140	0,0064	0,0114	0,0178	21,34	5,67%
06LY	m²	Blocos para interior	0,35	0,1200	0,0560	0,1000	0,0420	0,0024	0,0042	0,0066	7,86	2,09%

Tab. 5.14 (continuação)

Código	Unidade	Item	Q_i	CC_i	CR_i	CE_i	VAC_i	VAR_i	VAE_i	m³ de resíduo/ m²	m³ de resíduo/ 1.200 m²	%
07HX	m²	Telhado	0,29	0,1600	0,0610	0,0300	0,0464	0,0028	0,0014	0,0042	5,07	1,35%
08EC	m	Circuitos	0,71	0,0002	0,0100	0,5000	0,0001	0,0000	0,0001	0,0001	0,09	0,02%
08ED	m	Instalações elétricas	0,14	0,0003	0,0100	0,5000	0,0000	0,0000	0,0000	0,0000	0,03	0,01%
08EL	u	Pontos de iluminação	0,13	0,0011	0,0100	10,0000	0,0001	0,0000	0,0014	0,0014	1,72	0,46%
08ET	u	Pontos de energia	0,25	0,0011	0,0100	10,0000	0,0003	0,0000	0,0028	0,0028	3,30	0,88%
08EP	m	Ligações de energia	0,12	0,0005	0,0100	0,5000	0,0001	0,0000	0,0000	0,0000	0,04	0,01%
08FC	m	Tubulações de água quente	0,21	0,0005	0,0100	0,0000	0,0001	0,0000	0,0000	0,0000	0,00	0,00%
08FD	u	Drenos	0,09	0,0098	0,0100	0,2000	0,0009	0,0000	0,0002	0,0002	0,22	0,06%
08FF	m	Tubulações de água fria	0,41	0,0005	0,0100	0,0000	0,0002	0,0000	0,0000	0,0000	0,00	0,00%
08FG	u	Torneiras	0,07	0,0038	0,0000	10,0000	0,0003	0,0000	0,0027	0,0027	3,19	0,85%
08FS	u	Sanitários, bacias e banheiras	0,06	0,1750	0,0200	0,2500	0,0105	0,0002	0,0026	0,0028	3,40	0,90%
08FT	u	Aquecedores	0,01	0,2500	0,0000	0,0500	0,0025	0,0000	0,0001	0,0001	0,15	0,04%
09TX	m²	Isolamento térmico	0,80	0,0400	0,0100	0,0000	0,0320	0,0003	0,0000	0,0003	0,38	0,10%
10AA	m²	Cobertura	0,48	0,0300	0,0450	0,5000	0,0144	0,0006	0,0072	0,0078	9,42	2,50%

Tab. 5.14 (continuação)

Código	Unidade	Item	Q_i	CC_i	CR_i	CE_i	VAC_i	VAR_i	VAE_i	m^3 de resíduo/ m^2	m^3 de resíduo/ $1.200\ m^2$	%
10CE	m^2	Gesso	1,69	0,0200	0,0300	0,0000	0,0338	0,0010	0,0000	0,0010	1,22	0,32%
10CG	m^2	Cal	3,01	0,0200	0,0300	0,0000	0,0602	0,0018	0,0000	0,0018	2,17	0,58%
10SX	m^2	Arenga	0,88	0,0800	0,0500	0,0500	0,0704	0,0035	0,0035	0,0070	8,45	2,24%
10SY	m^2	Pisos	0,03	0,2000	0,0300	0,1000	0,0060	0,0002	0,0006	0,0008	0,94	0,25%
10TX	m^2	Tetos	0,09	0,0500	0,0500	0,2000	0,0045	0,0002	0,0009	0,0011	1,35	0,36%
10RX	m	Acabamentos	0,10	0,0150	0,0500	0,1000	0,0015	0,0001	0,0002	0,0002	0,27	0,07%
11AX	m^2	Divisórias metálicas	0,13	0,0500	0,0000	0,0500	0,0065	0,0000	0,0003	0,0003	0,39	0,10%
11MP	m^2	Portas de madeira	0,15	0,0500	0,0200	0,1000	0,0075	0,0002	0,0008	0,0009	1,08	0,29%
11SP	m^2	Máscaras	0,07	0,0600	0,0200	0,0500	0,0042	0,0001	0,0002	0,0003	0,35	0,09%
12XX	m^2	Vidro	0,13	0,0100	0,0500	0,5000	0,0013	0,0001	0,0007	0,0007	0,86	0,23%
13EX	m^2	Pintura externa	0,20	0,0050	0,0500	1,5000	0,0010	0,0001	0,0015	0,0016	1,86	0,49%
13IX	m^2	Pintura interna	0,50	0,0050	0,0500	1,5000	0,0025	0,0001	0,0038	0,0039	4,65	1,23%
						Total	1,37	0,25	0,06	0,31	376,53	100%

Exemplo 2 – Solís-Guzmán et al. (2009)

Considere agora que se deseja demolir a edificação proposta no exemplo anterior. Calcule a geração total de resíduos de demolição pelo método de Alcores.

Resposta:

Utilizando os coeficientes recomendados pelo método, propostos em Consejería de Vivienda y Ordenación del Territorio de la Junta de Andalucía (2008), tem-se a estimativa de resíduos apresentada na Tab. 5.15.

5.4.11 Método de Nagalli (2012)

O método proposto por Nagalli (2012) consiste em uma fórmula para a predição de resíduos de construção de obras de edifícios verticais a partir de características das obras, inclusive aspectos de gestão e produção das equipes de trabalho. Sua aplicação requer conhecimentos mínimos acerca do desempenho dos processos de construção. O desenvolvimento do método se deu a partir de dados de geração de resíduos de obras em que o autor trabalhou, tendo ajustado/calibrado os respectivos coeficientes. No método, a quantidade total de resíduos de construção de uma obra foi designada de X, podendo ser calculada de acordo com a seguinte expressão:

$$X = \frac{K_e \cdot K_p^2 \cdot K_f \cdot K_c}{\left(K_e + K_p + K_f + K_c\right)^2} \cdot Q \cdot T + S$$

em que:

X: quantidade estimada para determinado resíduo;

K_e: fator de equipe, a ser determinado para cada equipe da construtora;

K_p: fator de processo, a ser determinado para cada processo construtivo;

K_f: fator de fiscalização, que é a função do nível de controle da obra;

K_c: fator de cronograma, que representa a flexibilização temporal para a execução da atividade;

Q: quantidade da unidade de referência do processo;

T: recorrência de um resíduo;

S: sobras de material.

Os parâmetros de cálculo (fatores) precisam ser ajustados à realidade de cada obra (aspectos construtivos e de gestão). Por outro lado, uma vez conheci-

Quantificação dos RCDs | 131

Tab. 5.15 Resultados do Exemplo 2 do diagnóstico de Solís-Guzmán et al. (2009)

Código	Unidade	Item	Q_i	CC_i	CT_i	VAC_i	VAD_i	m³ de resíduo/m²	m³ de resíduo/ 1.200 m²	%
02TX	m³	Movimentação de terra	0,20000	1,00000	0,00000	0,2000	0,00000	0,00000	0,00000	0%
03AX	kg	Concreto armado	5,19000	0,00010	0,00000	0,0005	0,00000	0,00000	0,00000	0%
03CP	m	Estacas	0,36000	0,28260	0,00000	0,1017	0,00000	0,00000	0,00000	0%
03HA	m³	Concreto armado para fundação	0,07000	1,00000	0,00000	0,0700	0,00000	0,00000	0,00000	0%
03HM	m³	Concreto	0,01000	1,00000	0,00000	0,0100	0,00000	0,00000	0,00000	0%
03HX	m³	Concreto para fundação	0,02000	1,00000	0,00000	0,0200	0,00000	0,00000	0,00000	0%
04EA	u	Depósitos	0,01000	0,40000	0,00000	0,0040	0,00000	0,00000	0,00000	0%
04EC	m	Coletores	0,05000	0,07100	0,00000	0,0036	0,00000	0,00000	0,00000	0%
04VB	m	Arrasamento	0,11000	0,01300	1,00000	0,0014	0,00143	0,00140	2,29000	0%
05FX	m²	Lajes de concreto	1,24000	0,25000	1,40000	0,3100	0,43400	0,43400	694,40000	34%
05HA	kg	Aço para concreto	12,67000	0,00010	0,00000	0,0013	0,00000	0,00000	0,00000	0%
05HH	m³	Concreto armado	0,10000	1,00000	1,30000	0,1000	0,13000	0,13000	208,00000	10%
06DX	m²	Muros	0,81000	0,05000	1,30000	0,0405	0,05265	0,05270	84,24000	4%
06DY	m²	Divisórias	0,89000	0,05000	1,30000	0,0445	0,05785	0,05790	92,56000	5%
06LX	m²	Blocos para exterior	0,95000	0,12000	1,30000	0,1140	0,14820	0,14820	237,12000	12%
06LY	m²	Blocos para interior	0,35000	0,12000	1,30000	0,0420	0,05460	0,05460	87,36000	4%
07HX	m²	Telhado	0,29000	0,16000	1,30000	0,0464	0,06032	0,06030	96,51000	5%

Tab. 5.15 (continuação)

Código	Unidade	Item	Q_i	CC_i	CT_i	VAC_i	VAD_i	m³ de resíduo/m²	m³ de resíduo/ 1.200 m²	%
08EC	m	Circuitos	0,71000	0,00020	0,00000	0,0001	0,00000	0,00000	0,00000	0%
08ED	m	Instalações elétricas	0,14000	0,00030	0,00000	0,0000	0,00000	0,00000	0,00000	0%
08EL	u	Pontos de iluminação	0,13000	0,00110	0,00000	0,0001	0,00000	0,00000	0,00000	0%
08ET	u	Pontos de energia	0,25000	0,00110	0,00000	0,0003	0,00000	0,00000	0,00000	0%
08EP	m	Ligações de energia	0,12000	0,00050	1,20000	0,0001	0,00007	0,00010	0,12000	0%
08FC	m	Tubulações de água quente	0,21000	0,00050	1,20000	0,0001	0,00013	0,00010	0,18000	0%
08FD	u	Drenos	0,09000	0,00980	1,20000	0,0009	0,00106	0,00110	1,69000	0%
08FF	m	Tubulações de água fria	0,41000	0,00050	1,20000	0,0002	0,00025	0,00020	0,35000	0%
08FG	u	Torneiras	0,07000	0,00380	1,10000	0,0003	0,00029	0,00030	0,47000	0%
08FS	u	Sanitários, bacias e banheiras	0,06000	0,17500	0,90000	0,0105	0,00945	0,00950	15,12000	1%
08FT	u	Aquecedores	0,01000	0,25000	1,00000	0,0025	0,00250	0,00250	4,00000	0%
09TX	m²	Isolamento térmico	0,80000	0,04000	1,20000	0,0320	0,03840	0,03840	61,44000	3%
10AA	m²	Cobertura	0,48000	0,03000	1,35000	0,0144	0,01944	0,01940	31,10000	2%
10CE	m²	Gesso	1,69000	0,02000	1,30000	0,0338	0,04394	0,04390	70,30000	3%
10CG	m²	Cal	3,01000	0,02000	1,30000	0,0602	0,07826	0,07830	125,22000	6%

Tab. 5.15 (continuação)

Código	Unidade	Item	Q_i	CC_i	CT_i	VAC_i	VAD_i	m³ de resíduo/m²	m³ de resíduo/ 1.200 m²	%
10SX	m²	Arenga	0,88000	0,08000	1,30000	0,0704	0,09152	0,09150	146,43000	7%
10SY	m²	Pisos	0,03000	0,20000	1,30000	0,0060	0,00780	0,00780	12,48000	1%
10TX	m²	Tetos	0,09000	0,05000	1,35000	0,0045	0,00608	0,00610	9,72000	0%
10RX	m	Acabamentos	0,10000	0,01500	1,30000	0,0015	0,00195	0,00200	3,12000	0%
11AX	m²	Divisórias metálicas	0,13000	0,05000	0,50000	0,0065	0,00325	0,00330	5,20000	0%
11MP	m²	Portas de madeira	0,15000	0,05000	1,15000	0,0075	0,00863	0,00860	13,80000	1%
11SP	m²	Máscaras	0,07000	0,06000	1,10000	0,0042	0,00462	0,00460	7,39000	0%
12XX	m²	Vidro	0,13000	0,01000	1,10000	0,0013	0,00143	0,00140	2,29000	0%
13EX	m²	Pintura externa	0,20000	0,00500	1,30000	0,0010	0,00130	0,00130	2,08000	0%
13IX	m²	Pintura interna	0,50000	0,00500	1,30000	0,0025	0,00325	0,00330	5,20000	0%
					Total	1,3763	1,26760	1,26760	2028,19	100%

dos tais parâmetros para a forma de trabalho de uma determinada construtora, o método se propõe a predizer adequadamente os resíduos para novas obras. Nesse sentido, além de aplicar a fórmula na predição dos resíduos de uma obra, convém monitorar o desempenho das equipes e da geração dos resíduos de modo que se possa criar uma base de dados específica para a construtora, de maneira que a fórmula sirva de instrumento de gestão e de planejamento em futuras obras.

Na fórmula apresentada, o fator K_e diz respeito ao dimensionamento adequado ou não e ao nível de experiência e treinamento da equipe responsável pela atividade. Trata-se de um coeficiente tabelado, que pode ser visualizado na Tab. 5.16.

Tab. 5.16 Índices estabelecidos pelo método para o fator K_e, nível de experiência da equipe

Experiência e treinamento	Tamanho da equipe	K_e
Inexperiente ou pouco treinada	Inferior à necessidade	1,5
	Compatível com a necessidade	1,3
	Superior à necessidade	1,2
Experiente e/ou treinada	Inferior à necessidade	1,0
	Compatível com a necessidade	0,9
	Superior à necessidade	0,7

Tab. 5.17 Exemplos de fator K_p, que considera os tipos de processos construtivos

Processo construtivo	K_p
Alvenaria com blocos cerâmicos	1,15
Alvenaria com blocos de concreto	1,0
Alvenaria com blocos solo-cimento	1,5
Tapumes em madeira	2,0
Tapumes metálicos	0,8
Forro em gesso acartonado	1,5
Vidros	0,05

O fator K_p se refere ao tipo de serviço (processo construtivo) que se planeja executar. O tipo de atividade e os materiais de construção utilizados impactam de modo importante esse fator. A Tab. 5.17 lista exemplos de valores do fator K_p válidos para os casos estudados quando da elaboração do método.

Na ausência de parâmetros específicos para as atividades que permitam definir com acuidade o parâmetro K_p, o método propõe um modo alternativo de defini-lo, a partir de taxas de desperdício dos materiais, conforme estruturado na Tab. 5.18.

O fator K_f correlaciona-se ao rigor das atividades de fiscalização na obra, sejam externas ou internas. Por exemplo, empresas que possuam sistemas de gestão (integrada, de qualidade ou ambiental) certificados estão habituadas a promover auditorias com o objetivo de continuamente incrementar o desempenho de suas atividades. A busca pela sustentabilidade formal em empreendimentos ou construtoras, por exemplo pela adoção de selos de certificação ambiental (LEED, AQUA, BREEAM etc.), tende a aumentar o controle interno nas construtoras e, assim, impactar de modo direto a geração de resíduos (menor quanto maiores as rotinas de fiscalização).

Dessa forma, inspeções periódicas, relatórios de controle e gestão e orientações e treinamentos direcionados tendem a contribuir para a menor geração de resíduos de construção/demolição. Na Tab. 5.19 estão apresentados os valores de K_f propostos pelo método para a representação desse processo.

Considerando a repercussão que a variável tempo pode ter sobre o processo e tendo-se observado que quanto mais duradouras, mais geradoras de resíduos as obras são, o método propõe um fator K_c, que envolve o risco de atraso do cronograma (físico ou financeiro) de execução (Tab. 5.20). O método considera que a pressão sobre os trabalhadores e o rigor no cumprimento de prazos influenciarão o cronograma executivo da obra. Assume como premissa que, quanto menor o tempo disponível para a execução da tarefa, maior o risco de seu não cumprimento. Indiretamente, observa-se que o cronograma da obra, e consequentemente de seus processos de gestão e executivos, está intimamente ligado à política de investimento e alocação de recursos, intempéries, experiência da equipe executora, entre outros fatores.

Tab. 5.18 Fator K_p em relação ao desperdício

Desperdícios	K_p
2%	0,10
4%	0,50
10%	1,15
15%	1,65
20%	2,10
30%	3,20
40%	4,40
50%	6,00
80%	16,5
100%	52,0

Tab. 5.19 Valores propostos pelo método para o fator K_f, que corresponde à frequência de fiscalização e auditoria das atividades de obra

Frequência de fiscalização	K_f
Escassa	1,4
Esporádica	1,1
Regular	1,1
Permanente	1,5

Tab. 5.20 **Valores para o parâmetro K_c, que corresponde ao impacto do cronograma da obra sobre a geração de resíduos**

Flexibilização do cronograma	K_c
Prazo flexível e longo com atividades no caminho crítico	1,2
Prazo flexível e longo com atividades fora do caminho crítico	1,1
Atividades de curta duração no caminho crítico	1,1
Atividades de curta duração fora do caminho crítico	1,0

De modo holístico, atividades que integram o "caminho crítico" do planejamento da obra demandam maior atenção para o cumprimento de seus prazos, pois correm risco de maior negligência quanto à gestão dos resíduos (geralmente postos em segundo plano). O caminho crítico, portanto, é a linha temporal com as atividades que devem ser seguidas sequencialmente – caso não cumpridas, comprometem o cronograma geral da obra.

O parâmetro Q corresponde à unidade de referência considerada para representar a quantidade total de resíduos. Por exemplo, para mensurar a quantidade de resíduos associados à execução dos serviços de pintura em uma casa, tomam-se como referência as áreas de paredes e tetos; na quantificação dos resíduos de gesso acartonado utilizado como forro, toma-se a área de forros executados; na definição da quantidade de resíduos de escritório de obra, toma-se por base o número de funcionários e a duração da obra, e assim por diante.

O parâmetro T condiz com a recorrência ou a periodicidade de um resíduo (o inverso da frequência), conexa à durabilidade e utilização dos materiais. Por exemplo, se determinada ferramenta (martelo, por exemplo) tem durabilidade de 5 meses e a obra utilizará martelos durante 15 meses, a recorrência dessa geração de resíduo é de uma ferramenta a cada 5 meses. Assim, T é igual a 3. Ou seja, T equivale ao número de vezes que determinado evento se repetirá ao longo da obra. Caso não houvesse repetições na geração do resíduo ao longo da obra, T seria igual a 1, se ocorresse o descarte desse material/ferramenta ao final da obra.

Os resíduos associados às sobras e desperdícios de material são representados pela variável S. Apesar de parte dos materiais poder ser reaproveitada em outras obras, outra parte não costuma sê-lo. Por vezes, tais sobras de pisos, azulejos etc. podem ser entregues ao cliente/consumidor como peça de reposição. Em outros casos, no entanto, em razão de prazo de validade ou outra questão, essa medida não é aplicável, resultando na sobra de material. Para esses casos, o método estimativo prevê a possibilidade de inclusão de parte do material sobressalente no quantitativo de resíduos da obra.

Essa variável (fator S), segundo o autor, depende da política de aquisição de materiais pela empresa, isto é, do modo como a construtora gerencia os materiais na obra (aquisição e entrega de grandes quantidades, em pequenos lotes, compras a granel, estoques in loco etc.). Assim, quanto maior for a quantidade de material sobressalente (para reposição de peças quebradas, defeituosas, execução de recortes e encaixes etc.), maior será o valor de S. A rigor, o fator S pode ser expresso como um percentual da quantidade total de material adquirida. É usual que construtoras adquiram 5% a mais do quantitativo necessário de blocos cerâmicos para a execução de uma atividade, ou 10% a mais para revestimentos cerâmicos, e assim por diante, o que é denominado no modelo de t_p. S é então definido no método como:

$$S = t_p \cdot P \cdot Q$$

em que:
t_p: taxa percentual de perdas;
P: percentual de transformação das sobras em resíduos.

Exemplo – Nagalli (2012)

Deseja-se construir um muro de divisa de uma obra em blocos de alvenaria cerâmica (9 cm × 14 cm × 19 cm) assentados sobre argamassa (1 cm). Sabe-se que esse muro deve possuir 1,80 m de altura e 50 m de comprimento. Estime a quantidade de resíduos do muro, a ser executado por dois profissionais experientes e treinados e com prazo exíguo para a conclusão dos trabalhos. A construtora possui programa de qualidade certificado, e as atividades de fiscalização são rotineiras (permanentes). Desconsidere o revestimento do muro.

Resposta:
Há basicamente dois tipos de resíduos na atividade: resíduos cerâmicos e argamassa de assentamento. Como visto, a quantidade de resíduos depende basicamente da quantidade de material utilizada na atividade. Resolvendo inicialmente a questão dos resíduos cerâmicos, têm-se:

Área de muro (em vista frontal): altura × comprimento
Área de muro: 1,80 × 50 = 90 m²
(equivalente a 3.420 blocos, já que 1 m² corresponde a 38 blocos)
Volume de material: número de blocos × volume de um bloco
Volume de material: 3.420 × 0,09 × 0,14 × 0,19 = 8,2 m³

Cálculo do parâmetro S:

Admitindo que serão comprados cerca de 5% a mais do total de material para suprir eventuais quebras de blocos e recortes e que 20% deles constituirão resíduos ao final da obra:

$$S = t_p \cdot P \cdot Q$$

$$S = 0,05 \times 0,20 \times 8,2$$

$$S = 0,082 \text{ m}^3$$

Como o resíduo é gerado uma única vez nessa obra, T = 1.

Admitindo que a equipe seja experiente e que não haja restrição de tempo para a condução dos trabalhos, $K_e = 0,9$.

Como o muro será executado em alvenaria cerâmica, $K_p = 1,15$.

Com atividades de fiscalização permanentes, $K_f = 1,5$.

Considerando que a atividade de execução do muro pertence ao caminho crítico, $K_c = 1,1$.

Aplicando a fórmula estimativa de resíduos proposta pelo método, tem-se:

$$X_{ceramica} = \frac{K_e \cdot K_p^2 \cdot K_f \cdot K_c}{\left(K_e + K_p + K_f + K_c\right)^2} \cdot Q \cdot T + S$$

$$X_{ceramica} = \frac{0,9 \times 1,15^2 \times 1,5 \times 1,0}{(0,9 + 1,15 + 1,5 + 1,0)^2} \times 8,2 \times 1,0 + 0,082$$

$$X_{ceramica} = 0,707 + 0,082 = 0,789 \text{ m}^3$$

Cálculo da quantidade de resíduos associados à argamassa:

Volume de argamassa = espessura da camada de assentamento × superfície

A espessura da camada foi definida em 1,0 cm.

Para fazer um muro de 1,80 m de altura, considerando que cada bloco possui 14 cm de altura, são necessárias 12 fiadas de bloco, além de 12 camadas de argamassa, admitindo que o muro será assentado sobre uma viga baldrame. A superfície horizontal de aplicação da argamassa corresponde então a:

Volume horizontal (em planta) de argamassa: quantidade de fiadas
× espessura da camada × área de aplicação (largura do bloco
× comprimento do muro)

Volume horizontal de argamassa: 12 × 0,01 × (0,09 × 50) = 0,54 m³

Para cobrir todo o comprimento do muro de 50 m, são necessários 250 blocos de 19 cm de comprimento, assentados com aproximadamente 1 cm de argamassa entre os blocos (250 intervalos).

Volume vertical de argamassa: quantidade de fiadas × espessura da camada × área de aplicação (largura do bloco × altura do muro)
Volume vertical de argamassa: 250 × 0,01 × (0,09 × 1,80) = 0,405 m³

Portanto, o volume total de argamassa para concluir o muro será:

$$0,54 + 0,405 = 0,945 \text{ m}^3$$

Admitindo que serão produzidos 10% a mais de argamassa e 15% se tornarão resíduos, a quantidade de resíduos associados ao processo será:

$$S = t_p \cdot P \cdot Q$$

$$S = 0,10 \times 0,15 \times 0,945$$

$$S = 0,014 \text{ m}^3$$

$$X_{argamassa} = \frac{K_e \cdot K_p^2 \cdot K_f \cdot K_c}{\left(K_e + K_p + K_f + K_c\right)} \cdot Q \cdot T + S$$

$$X_{argamassa} = \frac{0,9 \times 1,15^2 \times 1,5 \times 1,0}{(0,9 + 1,15 + 1,5 + 1,0)^2} \times 0,945 \times 1,0 + 0,014$$

$$X_{argamassa} = 0,082 + 0,014 = 0,096 \text{ m}^3$$

Os resíduos associados à execução do muro são 0,096 m³ de argamassa e 0,789 m³ de blocos cerâmicos.

5.4.12 Método de Báez et al. (2012)

Embora o mais comum seja encontrar na literatura modelos preditivos voltados ao cálculo de resíduos de edificações, algumas iniciativas voltadas a outros setores são também evidenciadas. É o caso do método de Báez et al. (2012), desenvolvido para a predição de resíduos em obras ferroviárias. Tal método propõe duas opções para o cálculo estimativo de resíduos, uma volumétrica e outra mássica. O cálculo é realizado a partir das características do projeto da ferrovia, denominadas no modelo de unidades funcionais (comprimento da ferrovia, número de juntas, comprimento dos viadutos etc.), utilizando-se as fórmulas a seguir:

$$Q_p = a_p \cdot L_r + b_p \cdot N_j + c_p \cdot N_{td} + d_p \cdot N_u + e_p \cdot N_o + f_p \cdot L_v + g_p \cdot L_t$$

$$Q_v = a_v \cdot L_r + b_v \cdot N_j + c_v \cdot N_{td} + d_v \cdot N_u + e_v \cdot N_o + f_v \cdot L_v + g_v \cdot L_t$$

em que:
Q_p: peso de RCD, em kg;
Q_v: volume de RCD, em m³;
a, b, c, d, e, f, g: constantes empíricas do modelo;
L_r: comprimento da ferrovia;
N_j: número de entroncamentos/interseções (*junctions*);
N_{td}: número de drenagens transversais;
N_u: número de túneis (*underpasses*);
N_o: número de viadutos (*overpasses*);
L_v: comprimento de viadutos, em km;
L_t: comprimento de túneis, em km.

Tais parâmetros podem ser utilizados na definição de indicadores de geração, definidos pelo modelo como n_p (em peso) ou n_v (em volume), assim definidos:
n_p: valor constante para o cálculo mássico (kg/unidade);
n_v: valor constante para o cálculo volumétrico (m³/unidade).

Os valores de n_p e n_v podem ser calculados por meio da equação:

$$n = \frac{Q}{Q_{fu}}$$

em que:
n: valor constante;
Q: quantidade total de RCD;
Q_{fu}: quantidade de unidade funcional.

Os coeficientes do modelo foram obtidos empiricamente por Báez et al. (2012) a partir de estudos de caso, tendo sido avaliados 14,6 km de ferrovias com até 4 km de interseções e entroncamentos, 11 unidades de drenagem transversais, dez túneis, uma interseção em desnível, um viaduto de 0,59 km e um túnel de 9,53 km. Os parâmetros empíricos de calibração do modelo (constantes) estão apresentados na Tab. 5.21.

Tab. 5.21 Constantes empíricas de cálculo propostas por Báez et al. (2012)

Unidade funcional		Q_{fu}	Q_p	Q_v	Peso (kg/unidade)		Volume (m³/unidade)	
						n_p		n_v
L_r	(km)	14,6	$3,24 \times 10^7$	$7,39 \times 10^4$	a_p	$2,22 \times 10^6$	a_v	$5,06 \times 10^3$
N_j	(unidade)	4	$1,13 \times 10^6$	10,1	b_p	$2,82 \times 10^5$	b_v	2,53
N_{td}	(unidade)	11	$1,15 \times 10^5$	47,1	c_p	$1,05 \times 10^4$	c_v	4,28
N_u	(unidade)	10	$4,16 \times 10^5$	$1,94 \times 10^2$	d_p	$4,16 \times 10^4$	d_v	19,4
N_o	(unidade)	1	$1,21 \times 10^4$	4,83	e_p	$1,21 \times 10^4$	e_v	4,83
L_v	(km)	0,59	$5,23 \times 10^5$	$2,53 \times 10^2$	f_p	$8,87 \times 10^5$	f_v	$4,29 \times 10^2$
L_t	(km)	9,53	$1,71 \times 10^7$	$5,49 \times 10^4$	g_p	$1,8 \times 10^6$	g_v	$5,76 \times 10^3$

5.4.13 Método de Li et al. (2016)

A abordagem mais comum para a predição dos resíduos da construção de um edifício é utilizar a área de piso (denominada em inglês de *gross floor area* – GFA, que inclui as paredes externas e exclui as projeções dos telhados) como um indicador-base e, a partir dela, adotar taxas de geração de resíduos (em unidades de medida de resíduos por unidades de medida de área). Com base nessa lógica é que Li et al. (2016) propuseram um método para a estimativa da quantidade de resíduos a partir da GFA. Como peculiaridade do método, tem-se que os materiais foram agrupados em duas categorias: materiais de tipo majoritário (*major*) e minoritário (*minor*). O critério de alocação nesta ou naquela categoria é a quantidade de material adquirida. A quantidade de resíduos gerados associada aos tipos "majoritários" de materiais é calculada a partir da quantidade de material adquirida, enquanto a geração de resíduos para os itens "minoritários" de materiais é estimada como um percentual da quantidade total de resíduos da construção.

O método tem seu início pelo cálculo da quantidade total de resíduo (WG), por meio da seguinte expressão:

$$WG = \sum_{i=1}^{n} M_i \cdot r_i + W_0$$

em que:
WG: quantidade total de resíduo gerada no empreendimento, em massa (kg);
M_i: quantidade adquirida de material "majoritário" "i" na lista, em massa (kg);

r_i: taxa de resíduo (MWR) ou desperdício do material "majoritário" "i";
W_0: resíduo remanescente (saldo);
n: quantidade de tipos de materiais "majoritários".

Em seguida, calcula-se a taxa de geração de resíduos por área de piso coberta (WGA), por meio da seguinte a equação:

$$WGA = \frac{WG}{GFA}$$

em que:
GFA: área de piso coberta da edificação, em m².

A etapa seguinte requer o cálculo da taxa de geração de resíduos (WGA) para materiais majoritários "i":

$$WGA_i = \frac{(M_i \cdot r_i)}{GFA}$$

Exemplo 1 – Li et al. (2016)

Considerando a construção de um edifício residencial de 76.117,70 m², que inclui dois subsolos e 32 pavimentos, com estrutura em concreto armado, estime, pelo método de Li et al. (2016), a quantidade de resíduos gerados (WGA) com base na lista de materiais de construção indicada na Tab. 5.22. Adote as taxas de desperdício (MWR) indicadas na tabela, obtidas pelos autores a partir de um estudo de

Tab. 5.22 Resultados do exemplo de aplicação do método de Li et al. (2016)

Material	MWR (%)	Quantidade adquirida	Quantidade (t)	WG (t)	WGA (kg/m²)	%
Concreto	1%	56.011 m³	134.426,4	1.344,2	17,7	43,5%
Barras de aço	3%	10.204 t	10.204,0	306,1	4	9,8%
Blocos de revestimento	5%	6.511 m³	5.208,8	260,4	3,4	8,4%
Formas de madeira	80%	60.020 m²	720,2	576,1	7,6	18,7%
Argamassa	4%	6.500 t	6.500,0	206	3,4	8,4%
Telhas	4%	45.568 m²	1.002,5	40,1	0,5	1,2%
			Σ	2.786,9	36,6	90%
			W_0	309,7	4,1	10%
			Total WGA	3.096,5	40,7	100%

caso. Considere que os resíduos "minoritários" correspondem a 10% da quantidade total de resíduos gerados, indicador esse também do caso real.

Exemplo 2 – Li et al. (2016)

Considerando a construção de um edifício comercial de 20.000 m², que inclui dois subsolos e dez pavimentos, com estrutura em concreto armado, estime, pelo método de Li et al. (2016), a quantidade de resíduos gerados (WGA) com base na lista de materiais de construção indicada na Tab. 5.23. Adote as taxas de desperdício (MWR) indicadas na tabela. Considere que os resíduos "minoritários" correspondem a 13% da quantidade total de resíduos gerados.

Resposta:
Admitindo as taxas de conversão indicadas na Tab. 5.24 e as demais considerações propostas no enunciado do problema, chega-se aos resultados listados.

Tab. 5.23 **Quantidades de materiais adquiridas para a construção do edifício comercial**

Material	MWR (%)	Quantidade adquirida
Concreto	0,8%	10.000 m³
Barras de aço	2,5%	3.000 t
Blocos de revestimento	6,0%	2.500 m³
Formas de madeira	65,0%	15.000 m²
Argamassa	7,0%	1.300 t
Telhas	3,0%	8.000 m²

Tab. 5.24 **Cálculo das quantidades de resíduos geradas para o exercício proposto**

Material	MWR (%)	Quantidade adquirida	Conv.	Quantidade (t)	WG (t)	WGA (kg/m²)	%
Concreto	0,8%	10.000 m³	2,4 t/m³	24.000,0	192,0	2,5	6,2%
Barras de aço	2,5%	3.000 t		3.000,0	75,0	1,0	2,4%
Blocos de revestimento	6,0%	2.500 m³	0,8 t/m³	2.000	120,0	1,6	3,9%
Formas de madeira	65,0%	15.000 m²	0,012 t/m²	180,0	117,0	1,5	3,8%
Argamassa	7,0%	1.300 t		1.300,0	91,0	1,2	2,9%
Telhas	3,0%	8.000 m²	0,022 t/m²	176,0	5,3	0,1	0,2%
				Σ	600,3	7,9	19,4%
				W_0	402,7	4,1	13,0%
				Total WGA	1.003,0	40,7	100%

5.4.14 Utilização do aprendizado de máquinas na predição de resíduos

Estudos realizados pelo autor desta obra com a aplicação da técnica de aprendizado de máquinas mostraram que há bom potencial para que os métodos anteriormente citados sejam no futuro substituídos por instrumentos computacionais de cálculo, baseados em redes neurais artificiais. É conveniente a utilização dessa técnica, uma vez que a geração de resíduos de construção e de demolição é um processo complexo, como anteriormente explanado, e dependente de diversas variáveis, nem sempre controláveis ou cuja repercussão sobre a geração se tenha domínio. Dispondo-se de ampla base de dados, pode-se em poucos segundos obter resultados preditivos para uma determinada obra ou cenário de geração.

A investigação levada a efeito, a partir da utilização de dados de 330 obras, mostrou que é possível obter predições bastante acuradas (R^2 = 0,96). Por outro lado, as incertezas associadas aos processos geradores de resíduos e a grande quantidade de fatores influenciadores na gestão mostraram que utilizar apenas dados de área construída e duração da obra pode ser insuficiente para predições representativas de toda a base de dados usada, pois em apenas 43% dos casos foi possível atender aos critérios de aceitação impostos (diferença entre predição e geração inferior a 515 m³ ou inferior a 19%).

Acredita-se que a ampliação das bases de dados possa propiciar maior representatividade das predições, pela utilização de redes neurais. No caso em tela, estudaram-se configurações de redes com dois, cinco e dez neurônios na camada oculta e três algoritmos distintos de treinamento (Levenberg-Marquardt, Bayesian Regularization e Scaled Conjugate Gradient), disponíveis no programa Matlab©, versão R2020a. Para que o desenvolvimento dessas ferramentas possa avançar, mostra-se importante que as administrações públicas municipais passem a padronizar a forma de aquisição de informações e, além de se ocupar apenas dos dados quantitativos, levantem também informações cadastrais básicas quando da aprovação dos planos de gerenciamento de resíduos (PGRCC) ou dos relatórios de gerenciamento de resíduos (RGRCC). Dessa forma, pesquisadores-desenvolvedores do setor podem trabalhar as bases de dados de modo a melhor compreender os processos geradores e computacionalmente adaptar os algoritmos para predições não só precisas, mas também confiáveis.

Exercício

12 Suponha que você vai construir uma lareira em sua residência. Quantifique os resíduos de construção associados a essa obra.

5.5 Aplicação dos métodos de predição de resíduos a um caso real

Com o objetivo de ilustrar a utilidade dos métodos de predição, passa-se agora à sua aplicação a um caso real, de modo comparativo e de forma que o leitor possa verificar as potencialidades e a complexidade de aplicação de cada um dos métodos. Obviamente, os métodos foram elaborados e avaliados em determinadas épocas e em contextos para os quais foram considerados válidos. Ocorre que os projetistas, em seu cotidiano, deparam-se com o desafio de escolher o método mais adequado para seu caso. Tais simulações buscaram levantar algumas questões e alertas relevantes à atividade profissional do gestor de resíduos.

Para o exercício comparativo, escolheu-se uma obra de edificação comercial, comparando-se os resultados preditos aos volumes de resíduos medidos ao longo da obra. O caso analisado refere-se a uma edificação com 13 pavimentos localizada no município de Curitiba (PR), construída com o propósito de abrigar um hotel (habitação transitória). O lote onde a edificação foi construída possui 1.124,81 m². A área total construída foi de 8.881,34 m² e incluiu 180 unidades (quartos de hotel) e um subsolo em bloco único. Foram previstas 71 vagas de estacionamento coberto. A altura total da edificação é de 51,38 m e a extensão do muro frontal é de 20,50 m. O sistema construtivo escolhido abrangeu peças estruturais em concreto armado, alvenaria de fechamento em blocos cerâmicos e de concreto, lajes em concreto armado e revestimentos interno e externo de uso comum. A duração da obra foi de 44 meses.

Os resíduos de construção associados a essa obra foram medidos volumetricamente, conforme descrito a seguir: 1.517 m³ de solos, 385 m³ de resíduos cerâmicos, 40 m³ de resíduos de concreto e argamassas, 113,5 m³ de resíduos plásticos, 269,5 m³ de resíduos de papéis e papelão, 39 m³ de sucata metálica, 406 m³ de sucata de madeira, 50 m³ de resíduos de gesso, 20 m³ de rejeitos e 10 m³ de resíduos perigosos (materiais contaminados com tintas, solventes ou óleos). Tais quantidades perfazem um total de 2.850 m³ de resíduos de construção, o que corresponde a uma taxa de geração de 0,320 m³/m². Assumindo-se uma densidade aparente média de 267,08 kg/m³ (Vasconcelos; Lemos, 2015), tal montante equivale a uma taxa de geração de resíduos de 85,70 kg/m², ou 761.178 kg para a obra toda. Excluindo-se os solos decorrentes de escavação, recalcula-se a taxa de geração em 0,150 m³/m² e 40,08 kg/m². E, para essa nova taxa de geração, tem-se a quantidade total de resíduos de 356.017,64 kg.

Postas as principais características do empreendimento e as quantidades de resíduos medidas ao longo da obra, passa-se a calcular os resíduos a partir dos métodos identificados na literatura e aplicáveis ao caso.

5.5.1 Método proposto pelo governo indiano

Para a aplicação do método proposto pelo governo indiano, necessita-se da área do projeto (A) e da taxa de geração média dos resíduos, conforme a Tab. 5.9. Para o caso em questão, a área a considerar é 8.881,34 m² e a taxa de geração para uso não residencial, considerando que se trata de uma nova construção, é de 18,99 kg/m². Nesses termos, a quantidade total de resíduos calculada para o projeto é de 168.656,65 kg.

Nota-se que a quantidade estimada (168.656,65 kg) foi significativamente inferior à quantidade medida durante a obra (761.178 kg considerando os solos, 356.017,64 kg sem considerá-los). Por óbvio, tal diferença está associada à menor taxa de geração (18,99 kg/m² do método contra a taxa real de 85,70 kg/m² ou 40,08 kg/m²). A simplicidade do método proposto pelo governo indiano possibilita tais diferenças, uma vez que, por meio de uma única taxa de geração para obras novas não residenciais, busca representar a geração de resíduos em diferentes tipos de obras. O caso em questão, de um hotel, apresenta muito maior densidade de paredes que "lajes livres" de edifícios comerciais, que buscam alto grau de personalização pelo adquirente. Dessa forma, a simplicidade do método não é capaz de bem representar a variedade de opções geométricas e de gestão possíveis. Todavia, seus indicadores servem aos projetistas como balizadores, na ausência de parâmetros adequados para a predição dos resíduos.

5.5.2 Método de Nagalli e Carvalho (2018)

Para o cálculo preditivo por esse segundo método, necessita-se dos seguintes parâmetros de entrada:
- Área total construída: 8.881,34 m².
- Treinamento prévio da equipe de trabalho (T): equipe admitida como treinada (valor igual a 0).
- Tamanho da equipe de trabalho: considerado compatível com o desejável (L = 0, C = 1).
- Tipo de alvenaria de fechamento: cerâmica (valor igual a 0).

- Fiscalização do gerenciamento dos resíduos: considerada regular (Sc = 0, R = 1, P = 0).
- Cronograma executivo: considerado regular (SO = 0, FC = 1 e FO = 0).

Da aplicação da fórmula do método, tem-se que:

$$Q = 0{,}63 \cdot A + 2.846{,}8 \cdot T - 788{,}6 \cdot L - 1.861{,}4 \cdot C + 5.744{,}6 \cdot M - 1.866{,}6 \cdot Sc - 511{,}8 \cdot R - 1.844{,}9 \cdot P + 247{,}9 \cdot SO - 916{,}1 \cdot FC + 1.066{,}3 \cdot FO + 6.686{,}6$$

$$Q = 0{,}63 \times 8.881{,}34 + 2.846{,}8 \times 0 - 788{,}6 \times 0 - 1.861{,}4 \times 1 + 5.744{,}6 \times 0 - 1.866{,}6 \times 0 - 511{,}8 \times 1 - 1.844{,}9 \times 0 + 247{,}9 \times 0 - 916{,}1 \times 1 + 1.066{,}3 \times 0 + 6.686{,}6 = 8.992{,}54 \text{ m}^3$$

Nota-se que o valor calculado, de 8.992,54 m³, é bastante superior ao medido ao longo da obra, de 2.850 m³. Ao incorporar os resíduos de solo, tal método está sujeito a maiores oscilações que os demais, que desconsideram esses resíduos, pois eles costumam representar parcela significativa dos resíduos sólidos totais de uma obra (nesse caso, 53,2%). Nesses termos, sempre que possível é desejável calcular os valores de resíduos associados às escavações à parte, de modo que se tenham predições mais precisas das quantidades totais de resíduos gerados em uma obra. Por outro lado, a virtude do método está em poder empregá-lo na ausência de informações sobre as escavações de solo, por exemplo por agentes de fiscalização. A utilização desse método deve ser cuidadosa.

5.5.3 Método de Dias (2013) e Kern et al. (2015)

O terceiro método analisado requer como parâmetros de entrada:
- Número de pavimentos-tipo: 12.
- Número total de pavimentos: 13.
- Área do pavimento-tipo: 408,07 m².
- IeC: 42,4%.
- Sistema construtivo: considerado 3 (com práticas industrializadas).
- Reaproveitamento dos resíduos: não houve (igual a 0).

Com base nesses parâmetros, foi aplicada a fórmula do método, conforme o que segue:

$$VR = -5.202,886 + (5.138,519 \cdot T/T) + (1,411 \cdot ATP) + (22,968 \times 367,43) + (375,155 \cdot SP)$$
$$+ (-783,296 \cdot RR) + \varepsilon$$

$$VR = -5.202,886 + \left(5.138,519 \times \frac{12}{13}\right) + (1,411 \times 408,07) + (22,968 \times 0,424) + (375,155 \times 3)$$
$$+ (-783,296 \times 0) = 1.251,352 \text{ m}^3$$

Nota-se que o valor predito (1.251 m³) é bastante próximo ao valor medido durante a obra (1.333 m³), se desconsiderados os resíduos de solo associados às escavações. O método revelou-se adequado à quantificação dos resíduos de construção. Sua peculiaridade é a necessidade de conhecer em detalhe os parâmetros geométricos do empreendimento, para o cálculo do índice econômico de compacidade (IeC). Registre-se que não devem ser negligenciados os resíduos associados às escavações, os quais devem ser calculados à parte e somados ao montante de resíduos predito para a representação do volume total de resíduos sólidos gerados na obra.

5.5.4 Método de Amor (2017)

O quarto método limita-se a quantificar os resíduos de madeira de uso provisório associados à obra. Para tal, necessita-se dos seguintes parâmetros:
- Número de pavimentos: 13.
- Número de pavimentos de subsolo: 1.
- Consumo de concreto na obra: 914 m³.
- Comprimento linear de tapume de madeira: 21 m.
- Índice de uso de madeira na confecção de equipamentos de proteção coletiva e instalações provisórias: considerado igual a 10.

Aplicando a fórmula proposta pelo método, tem-se:

$$VRM = -39,678 + (10,808 \cdot n.pav) - (9,807 \cdot sub) - (0,016 \cdot concreto) + (0,336 \cdot tapume)$$
$$+ (2,175 \cdot i.usomadeira) + \varepsilon$$

$$VRM = -39,678 + (10,808 \times 13) - (9,807 \times 1) - (0,016 \times 914) + (0,336 \times 21)$$
$$+ (2,175 \times 10) = 105,201 \text{ m}^3$$

Considerando que no caso em análise foram gerados 406 m³ de resíduos de madeira ao longo da obra, tem-se que o método analisado subestimou a geração de resíduos. Dessa forma, entende-se que, ao menos para o caso analisado, o método não funcionou bem na predição dos resíduos de madeira.

5.5.5 Método de Nascimento (2018)

O método proposto por Nascimento (2018) requer como dados de entrada para a predição da quantidade total de resíduos da obra a área total a construir (8.881,34 m²), a densidade de paredes (nesse caso, 0,67 m/m²), a organização do canteiro (considerada igual a 5, um canteiro bem organizado) e o sistema produtivo (considerado igual a 2, industrialização mediana). O valor predito de resíduos seria, portanto, calculado como:

$$VR = 1.242,569 - (0,044 \cdot AT) - (4.022,696 \cdot DP) - (443,805 \cdot OC) + (2.760,640 \cdot SP) + \varepsilon$$

$$VR = 1.242,569 - (0,044 \times 8.881,34) - (4.022,696 \times 0,67) - (443,805 \times 5) + (2.760,640 \times 2) = 1.458,8 \text{ m}^3$$

Considerando que o método não objetiva incluir os solos de escavação, tem-se que o volume predito de resíduos (1.458,8 m³) se aproxima bastante (diferença inferior a 10%) da geração real de resíduos medida em obra (1.333 m³).

5.5.6 Método da Prefeitura de Recife (PE)

O método proposto para a predição de resíduos pela Prefeitura Municipal de Recife requer a área a ser construída (8.881,34 m²) e o número de dias efetivamente utilizados para a construção (nesse caso, 1.242 dias). Aplicando a fórmula do método, tem-se:

$$Q = \frac{A \cdot TGR}{t}$$

$$Q = \frac{8.881,34 \times 75}{1.242} = 536,3 \text{ kg/dia}$$

Para a atividade de escavação de solos, o método propõe que a estimativa de resíduos seja feita da seguinte forma, utilizando a área a ser escavada (133,08 m²), os dias de trabalho de escavação (243 dias) e a profundidade de escavação (3,9 m):

$$Q = \frac{A \cdot TGR \cdot p}{t}$$

$$Q = \frac{133{,}08 \times 1.400 \times 3{,}9}{243} = 2.990{,}2 \text{ kg/dia}$$

Portanto, as quantidades médias diárias são de 536,3 kg de entulho, gerados ao longo de 1.242 dias, o que equivale a uma quantidade total de 666.084,6 kg, e 2.990,2 kg de solo, gerados ao longo de 243 dias, o que equivale a uma quantidade total de resíduos de escavação igual a 726.618,6 kg. Assumindo uma densidade aparente média de 267,08 kg/m³ (Vasconcelos; Lemos, 2015), tem-se que a quantidade total de resíduos, exceto solos de escavação, é igual a 2.487,2 m³. Considerando uma densidade aparente para o solo de 1.500 kg/m³, tem-se que o montante total de resíduos de escavação é equivalente a 484,4 m³. Ao comparar os valores calculados com os valores gerados durante a obra, observa-se que o método proposto pela Prefeitura Municipal de Recife subestimou as quantidades de resíduos geradas (1.517 m³ de solos e 2.850 m³ para os demais resíduos). Contudo, nota-se que a diferença calculada para os resíduos de construção, em geral, é relativamente pouco inferior (12,7%), mas para os resíduos de escavação a diferença mostrou-se significativa (o triplo).

5.5.7 Método BIM

Infelizmente, não se dispõe do projeto do caso proposto em ambiente BIM para sua aplicação à quantificação de resíduos. Trata-se de tema ainda em desenvolvimento na literatura, cujos resultados são promissores, porém se carece de tabelas detalhadas de valores de taxas de geração de resíduos (TGRs) para sua efetividade. A literatura científica vem mostrando o potencial da ferramenta, mas para isso é necessário desenvolver detalhadamente TGRs para cada um dos materiais utilizados no empreendimento. Só então, a partir da lista de quantidades de materiais, é possível inferir/calcular a quantidade de resíduos de construção prevista. A expectativa é que nos próximos anos haja intenso desenvolvimento de literatura técnico-científica específica, como forma de instrumentar tal modelagem.

Como técnica de cálculo alternativa ao método, pode-se, com base na lista de materiais de construção adquiridos ou planejados para a obra, calcular os RCDs gerados a partir das respectivas TGRs. Ocorre que também o método alternativo carece de nível de detalhamento de informações, que ainda não está disponível na literatura (ampla listagem de TGR por tipo de material de construção).

5.5.8 Método de Llatas (2011)

A aplicação do método proposto por Llatas (2011) requer, basicamente, as quantidades de materiais utilizadas em obra, obtidas a partir dos detalhes de projeto. Requer ainda conhecimentos sobre as características de variação volumétrica dos resíduos durante o processo. Para o caso em análise, calcularam-se os volumes de resíduos descritos na Tab. 5.25.

Observa-se que a quantidade total de resíduos de construção foi calculada segundo o método em 3.064,4 m³, incluídos 1.353,4 m³ de resíduos associados à escavação. Comparando tais resultados com os volumes gerados ao longo da obra (1.517 m³ de solos e 2.850 m³ para os demais resíduos), tem-se que o método subestimou a quantidade de resíduos para o caso analisado. Possivelmente, esse valor estimativo a menor está associado ao baixo grau de refinamento que a lista de materiais utilizada possui, não tendo sido incluídos, por exemplo, materiais de construção como portas, esquadrias, metais e louças sanitários etc., os quais geram resíduos associados às embalagens e instalações e, no cômputo total, podem ser significativos. As taxas de geração usadas também podem não estar representando adequadamente as taxas de geração de resíduos efetivas (reais).

Em suma, da aplicação ao caso, vislumbra-se potencial do método, inclusive consorciado aos métodos tipo BIM, embora se tenha observado limitações de ordem prática, isto é, o que ocorre ao longo da obra nem sempre é previsível no momento do planejamento e impacta de modo direto as quantidades de resíduos geradas. Mas isso é um aspecto inerente a todos os métodos de predição.

5.5.9 Método de Solís-Guzmán et al. (2009) ou modelo de Alcores

De modo similar ao método anterior, necessita-se do quantitativo de materiais de construção para a aplicação do método de Solís-Guzmán et al. (2009). Esse quantitativo é apresentado na Tab. 5.26.

Nota-se o mesmo fenômeno ocorrido quando da aplicação do método anterior, em que o agrupamento dos materiais de construção em categorias possibilita ocultar a diversidade de materiais utilizados na obra, que costumam dar origem a embalagens e outros resíduos de sua aplicação. Dessa forma, para que o método se mostre efetivo é importante o maior detalhamento possível de materiais, o que impõe o conhecimento sobre as características de geração de cada um dos resíduos associados. É também, em teoria, um método com grande potencial, compatível com o ambiente de modelagem BIM. O resultado obtido, de 2.028,3 m³, incluídos os resíduos de escavação (1.776,3 m³), acha-se distante dos resultados de geração de resíduos medidos na obra (muito inferior), o que demonstra que os

Tab. 5.25 Resultados da aplicação do método de Llatas (2011) para a predição de resíduos do caso proposto

Material de construção	Quantidade (Q)	Fatores			V (m³)	Resíduos gerados	
		$F_P/F_R/F_S$	F_C	F_I		Código LER	Tipo de resíduo
m³ argamassa	23,3	0,03	1,000000	1,100000	0,769	17 01 01	Concreto
m³ concreto	832	0,06	1,100000	1,100000	60,403	17 01 01	Concreto
m³ areia	16,4	0,01	1,000000	1,000000	0,164	17 05 04	Solo
t cimento	32,1	0,01	0,66666	1,000000	0,214	17 01 01	Concreto
	32,1	0,75	1,000000	0,025000	0,602	15 01 01	Papelão
	32,1	0,025	1,000000	1,100000	0,883	15 01 03	Pallet de madeira
m.u blocos	2.546	0,05	1,100000	1,250000	175,038	17 01 02	Blocos
	2.546	0,25	1,000000	1,100000	700,150	15 01 03	Pallet de madeira
	2.546	0,016	1,000000	2,000000	81,472	15 01 02	Plástico
un. materiais auxiliares	770	0,01	1,100000	1,000000	8,470	15 01 06	Embalagens misturadas
	770	0,01	1,100000	1,000000	8,470	17 09 04	Mistura de resíduos
un. escavação	955	0,78732	1,500000	1,200000	1.353,403	17 05 04	Solo
m² chapas de madeira	1.108,9	0,000561	585,000000	1,300000	473,102	15 01 03	Madeira
m² chapas de gesso acartonado	3.986,4	0,000377	15,000000	1,000000	22,543	15 01 06	Embalagens misturadas
	3.986,4	0,000431	33,000000	1,100000	62,368	17 08 02	Gesso
	257.820,3	0,000676	0,650000	1,000000	113,286	15 01 04	Metal
m² pintura	257.820,3	0,000012	1,000000	1,000000	3,094	08 01 12	Material contaminado
				Total	**3.064,4**		

Tab. 5.26 Resultados da aplicação do método de Solís-Guzmán et al. (2009) para a predição de resíduos do caso proposto

Unidade	Item	Q_i	CC_i	CR_i	CE_i	VAC_i	VAR_i	VAE_i	m³ de resíduo/ m²	m³ de resíduo/ 8.881,34 m²	%
m³	Movimentação de terra	0,2	1,000	1,000	0,0	0,2000	0,2000	0,00000	0,2000	1.776,3	63,74%
m³	Concreto armado	832	0,000	0,050	0,0	0,0832	0,0042	0,00000	0,0042	36,9	0,01%
m³	Argamassa	0,05	1,000	0,080	0,0	0,0500	0,0040	0,00000	0,0040	35,5	0,25%
m³	Concreto	0,3	1,000	0,030	0,0	0,3000	0,0090	0,00000	0,0090	79,9	0,19%
m²	Alvenaria	0,4	0,120	0,056	0,1	0,0480	0,0027	0,00480	0,0075	66,5	5,67%
m²	Gesso	1,69	0,020	0,030	0,0	0,0338	0,0010	0,00000	0,0010	9,0	0,32%
m²	Pintura externa	0,35	0,005	0,050	1,5	0,0018	0,0001	0,00263	0,0027	24,1	0,49%
					Total	0,7168	0,2209	0,007425	0,228	2.028,3	100%

parâmetros de calibração do modelo (valores de CC_i, CR_i e CE_i) e os próprios valores de variação volumétrica (VAC_i, VAR_i e VAE_i) utilizados carecem de ajuste para que os resultados passem a representar adequadamente o caso.

5.5.10 Método de Nagalli (2012)

Para a aplicação desse método, é necessário conhecer características de gestão da obra (equipe, fiscalização, processo, cronograma). No caso em análise, considerou-se a equipe experiente e compatível com a necessidade (K_e igual a 0,9), o processo construtivo com taxa de desperdício da ordem de 10% (K_p igual a 1,15), a frequência de fiscalização regular (K_f igual a 1,1), o prazo de execução da obra longo e flexível (K_c igual a 1,1) e as sobras de material admitidas como 5%.

$$X = \frac{K_e \cdot K_p^2 \cdot K_f \cdot K_c}{\left(K_e + K_p + K_f + K_c\right)} \cdot Q \cdot T + S$$

$$X = \frac{0,9 \times 1,15^2 \times 1,1 \times 1,1}{(0,9 + 1,15 + 1,1 + 1,1)} \times 8.881,34 \times 1 + 8.881,34 \times 5\%$$

$$X = 3.160,1 \text{ m}^3$$

O resultado predito, de 3.160,1 m³, acha-se distante das quantidades de resíduos geradas em obra (1.517 m³ de solos e 2.850 m³ para os demais resíduos). Atribui-se o fato à concepção do método, direcionado à predição de resíduos de atividades específicas de obra. O método não buscava inicialmente predizer a quantidade total de resíduos de construção, mas parametrizar as variáveis que afetam/afetariam a geração de resíduos sólidos de cada atividade de obra. Comparativamente aos demais métodos, não se mostrou prático no cálculo da quantidade total de resíduos de uma obra.

5.5.11 Método de Li et al. (2016)

Para a aplicação do método de Li et al. (2016) ao caso, deve-se listar os materiais de construção do empreendimento e as respectivas quantidades de aquisição. E, com base nas taxas de desperdício, calculam-se as taxas de geração de resíduos e as respectivas quantidades geradas, conforme demonstrado na Tab. 5.27. Foi ainda arbitrado um percentual (18%) de geração dos resíduos considerados "minoritários" pelo método.

Frise-se que o método não inclui os resíduos associados às escavações em solo, cujos valores costumam ser calculados à parte. Do exposto, conclui-se que o referido método subestimou significativamente (758,3 m³ contra 2.850 m³) as quantidades de resíduos descartadas pela obra. Pode-se atribuir a diferença às taxas de geração de resíduos, aos fatores de conversão utilizados ou ainda ao pouco nível de detalhe da lista de materiais empregada para o cálculo.

5.5.12 Utilização do aprendizado de máquinas

A utilização do aprendizado de máquinas na predição dos resíduos de construção civil do caso em estudo é conveniente, uma vez que se trata de um processo bastante rápido, quando se dispõe de uma ampla e consistente base de dados e de uma rede neural artificial bem treinada. Infelizmente, a demonstração dos cálculos realizados pela rede neural não é conveniente, pois iterativa e com grande quantidade de operações, o que justifica a utilização do computador para a tarefa. Dessa forma, usou-se a base de dados e a rede neural artificial à disposição do autor e obteve-se o valor correspondente aos resíduos gerados na obra em estudo.

A partir de uma base de informações de 330 casos de obra e utilizando o parâmetro área construída, por meio de uma rede neural com dois neurônios na camada oculta e dois ciclos de aprendizagem, obteve-se uma geração de resíduos de 4.577,0 m³. Posteriormente, realizou-se nova simulação considerando, além da área total construída, também o cronograma de obra e, para dois neurônios na camada oculta e dois ciclos de aprendizagem, obteve-se uma geração total de resíduos estimada em 4.631,9 m³. Levando em conta que o modelo utilizado já incorpora em seus cálculos os resíduos de solo associados às escavações, considera-se que a predição realizada é próxima à geração real total de resíduos, de 4.367 m³, erro inferior a 5% no primeiro caso.

Da aplicação desses 12 métodos ao caso da edificação do hotel, conclui-se que o gestor projetista deve estar atento às peculiaridades de cada um deles. A análise comparativa permitiu observar suas potencialidades e dificuldades de aplicação. O fato de um determinado método não ter funcionado bem para predizer as quantidades de resíduos inerentes ao caso da obra da edificação do hotel não quer dizer que tal método não possa ser útil a outros casos e, até mesmo, apresentar desempenho superior neles. Tratou-se de um exercício meramente didático, a fim de ilustrar as minúcias para as quais os projetistas devem estar atentos quando da aplicação de cada um dos métodos.

Vislumbra-se que o futuro da predição dos resíduos esteja na automatização do processo, quer pela modelagem BIM, quer pela utilização de inteligência artificial, quer por outra técnica que as venha substituir ou complementar. Mas o exercício realizado deixa claro que, independentemente do método adotado,

Tab. 5.27 **Resultados da aplicação do método de Li et al. (2016) para a predição de resíduos do caso proposto**

Material	MWR (%)	Quantidade adquirida	Fator de conversão	Quantidade (t)	WG (t)	WGA (kg/m²)	%
Concreto	5,0%	832 m³	2,4 t/m³	1.996,8	99,8	1,3	3,2%
Barras de aço	1,6%	768 t		768,0	12,3	0,2	0,4%
Blocos de revestimento	6,0%	308 m³	0,8 t/m³	246,4	14,8	0,2	0,5%
Formas de madeira	100,0%	1.109 m²	0,012 t/m²	13,3	13,3	0,2	0,4%
Argamassa	11,0%	23 t		23,3	2,6	0,0	0,1%
Telhas	3,0%	955 m²	0,022 t/m²	21,0	0,6	0,0	0,0%
Pintura	6,0%	257.820 m²	0,0037 t/m²	953,9	57,2	0,8	1,8%
				Σ	200,6	2,6	6,5%
				W_0	557,6	4,1	18,0%
				Total WGA	758,3	40,7	100%

deve-se reconhecer que a predição de resíduos não é trivial, pois as taxas de geração de resíduos e, consequentemente, as quantidades de resíduos geradas são fortemente dependentes de aspectos culturais e tecnológicos, formas de embalagem e de transporte de materiais de construção, grau de industrialização do setor, aspectos geométricos da construção, questões locais e regionais, entre outros aspectos. Todas essas variáveis afetam de modo direto a geração de resíduos, e resta claro que não é possível encontrar taxas de geração de resíduos únicas e válidas para quaisquer situações.

Uma das soluções que pesquisadores vêm apresentando para tentar minimizar esse efeito é aplicar taxas de geração a uma escala de avaliação pequena, isto é, buscar inferir a geração de resíduos para cada material adquirido na obra. Ocorre que, ao buscar essa microescala, potencializam-se os erros de predição associados, o que acaba por dificultar predições acuradas. Por outro lado, trabalhar com taxas de geração a partir de áreas de piso construídas simplifica em demasia o processo e, pelo fato de elas variarem de valores, indo de poucos quilogramas por metro quadrado a centenas de quilogramas por metro quadrado, também acaba por não auxiliar grandemente o gestor de resíduos.

Por esse motivo, vê-se como desnecessária a eventual tentativa de equipes de fiscalização de balizar o trabalho de projetistas, limitando-lhes os resultados de predição de resíduos a determinadas faixas de valores ou taxas de geração, como propôs o método da Prefeitura Municipal de Recife. A questão da quantificação de resíduos deve ser trabalhada caso a caso e amparada em critérios técnicos que justifiquem as escolhas realizadas. Os projetistas, gestores e fiscais não devem nunca perder de vista que o objetivo da quantificação de resíduos é balizar os procedimentos e escolhas do processo de gestão/gerenciamento, provendo a estrutura necessária para que o destino desses materiais seja tecnicamente adequado, observando-se a tradicional hierarquia da gestão de resíduos (não gerar, minimizar, reaproveitar, reciclar, recuperar energeticamente, dispor) e a necessidade de uma economia circular aplicada ao setor.

6 Classificação e manejo dos resíduos

Há diversos modos de classificar resíduos da construção civil. Pode-se classificá-los quanto à forma, constituição, periculosidade, destino, acondicionamento, estado físico etc.

A norma NBR 10004 (ABNT, 2004a), bastante utilizada como referência no meio industrial para classificação dos resíduos sólidos, define três classes de resíduos: Classe I (perigosos), Classe IIA (não inertes) e Classe IIB (inertes).

Nesse processo de classificação adotam-se critérios como inflamabilidade, corrosividade, reatividade, toxicidade e patogenicidade para identificar se um resíduo é ou não perigoso. Ao ser classificado como não perigoso, avaliam-se as concentrações de componentes químicos presentes em um solubilizado criado a partir do resíduo sólido que se pretende analisar.

No âmbito da construção civil, o Conselho Nacional do Meio Ambiente (Conama) optou por não utilizar tal classificação, propondo um novo (não excludente) sistema de classificação. Para compreender essa nova classificação é necessário conhecer o conceito de agregado aplicado à construção civil. **Agregados** são materiais minerais, granulares e inertes utilizados principalmente em obras de infraestrutura e edificações. Os agregados mais comuns são pedra britada, areia e cascalho, e são as substâncias minerais mais utilizadas no Brasil e no mundo (Le Serna; Rezende, 2009).

A gestão dos resíduos da construção civil teve suas diretrizes, critérios e procedimentos estabelecidos pela Resolução Conama nº 307 (Conama, 2002). Nessa resolução, são considerados resíduos da construção aqueles resultantes da preparação e da escavação de terreno: solos, concreto em geral, rochas, pavimentos asfálticos, tubulações e todos os entulhos de obra. Os resíduos são classificados, de acordo com as Resoluções Conama nº 307 (Conama, 2002), 348 (Conama, 2004), 431 (Conama, 2011) e 469 (Conama, 2015), da seguinte maneira:

- **Classe A:** resíduos reutilizáveis ou recicláveis como agregados, tais como:
  - de construções, demolições, reformas ou reparos de pavimentação e de outras obras de infraestrutura, inclusive solos provenientes de terraplenagem;
  - de construções, demolições, reformas ou reparos de edificações;
  - de processos de fabricação e/ou demolição de peças pré-moldadas em concreto, produzidas nos canteiros de obras.
- **Classe B:** resíduos recicláveis para outras destinações, tais como plásticos, papel, papelões, metais, vidros, madeiras, embalagens vazias de tintas imobiliárias e gesso.
- **Classe C:** resíduos para os quais não foram desenvolvidas tecnologias ou aplicações economicamente viáveis que permitam a sua reciclagem ou recuperação.
- **Classe D:** resíduos perigosos oriundos do processo de construção tais como tintas, solventes, óleos e aqueles contaminados provenientes de demolições, reformas ou reparo de clínicas radiológicas, instalações industriais, entre outros.

Nota-se que essas resoluções adotaram uma política de classificação dos resíduos de construção e demolição conforme o destino do material. Se, por um lado, essa classificação simplifica sua aplicação pelo construtor, na medida em que sugere alternativas de destinação, por outro, as limita e deixa de pontuar a importância da avaliação individualizada de cada "peça" (residual), já que um material teoricamente reciclável pode deixar de sê-lo por ter entrado em contato com outro, não necessariamente perigoso. Isso quer dizer que os resíduos, independentemente de sua constituição, podem transitar entre as diversas categorias da classificação, devido às circunstâncias locais.

A forma com que a classificação foi idealizada pode induzir os agentes do setor da construção civil a certa negligência na manipulação e destinação dos resíduos, adotando alternativas tecnicamente incorretas para sua destinação. Essa negligência onera cooperativas de reciclagem que fazem a triagem dos resíduos provenientes de obras, pode contaminar solos e águas subterrâneas de áreas preparadas para receber apenas materiais inertes, superestima a contaminação de um resíduo potencialmente reciclável que, por segurança, acaba sendo considerado como perigoso etc.

A identificação e a caracterização dos resíduos, bem como a escolha de seus encaminhamentos, são, portanto, um serviço técnico a ser realizado por um agente especializado. Nesse sentido, essa tarefa não deve ser delegada a funcionários não qualificados para a função.

Ciente dessa dificuldade, a União Europeia padronizou a nomenclatura e a classificação de resíduos por meio de uma lista, denominada Lista Europeia de Resíduos (*European Waste List* – EWL). O capítulo destinado aos resíduos de construção e de demolição (RCDs) distingue três grupos de resíduos com características comuns:

i *resíduo composto majoritariamente por solo gerado de escavações nas primeiras fases de construção*: há três subdivisões para essa categoria: solos e rochas, lamas de dragagem e lastros, com ou sem substâncias perigosas. Outros resíduos pertencentes a essa categoria, tais como resíduos de podas, árvores e arbustos oriundos de serviços de limpeza do terreno, resíduos da execução de concretos e argamassas etc. estão contidos na lista EWL, porém em outros capítulos.

ii *resíduo de sobras durante a execução da construção*: a lista prevê sete subdivisões dessa categoria e agrupa os resíduos de acordo com o tipo de tratamento que ele recebe. São elas: concreto e materiais cerâmicos compostos por rochas de natureza inerte; madeira, vidro e plástico, dando-se tratamento similar aos resíduos domésticos; alcatrão e macadame; metais; materiais isolantes (diferenciando-se os que contêm asbestos ou não); materiais de construção a base de gesso; e outros. Diferentes resíduos, tais como tintas, vernizes, adesivos, selantes etc. estão dispostos em outras categorias da EWL.

iii *resíduo associado à embalagem de produtos e materiais que dão suporte aos trabalhos*: são classificados de acordo com o material de que são feitos, ou seja, caixas de papelão, embalagens plásticas, embalagens de madeira (essencialmente *pallets*) e de metal (latas, principalmente).

Em outros capítulos da EWL, além desses resíduos, há também outros materiais e substâncias que podem conter características perigosas (inflamabilidade, toxicidade, ecotoxicidade, carcinogenia etc.), tais como aditivos para concreto, adesivos, selantes, asfaltos, elementos à base de gesso, madeira tratada com fungicidas, equipamentos contendo bifenilas policloradas (PCBs) etc.

6.1 A Lista Brasileira de Resíduos Sólidos

Em 18 de dezembro de 2012, o Instituto Brasileiro do Meio Ambiente e dos Recursos Naturais Renováveis (Ibama), órgão federal responsável por disciplinar questões ligadas à área ambiental, elaborou uma lista brasileira de resíduos sólidos, apresentada na Instrução Normativa n° 13. Essa lista padroniza as informações que precisam ser levadas ao conhecimento dos órgãos gestores, de modo que permitam um planejamento mais eficiente das ações ambientais.

A exemplo da EWL, a lista brasileira pretende abarcar não somente resíduos sólidos perigosos, como também os não perigosos. Nesse sentido, contribui também com a alimentação da base de dados brasileira, o Sistema Nacional de Informações sobre a Gestão dos Resíduos Sólidos (Sinir). Uma das justificativas para a adoção desse sistema, segundo o Ibama, é facilitar o intercâmbio de informações segundo a Convenção de Basileia sobre o Controle de Movimentos Transfronteiriços de Resíduos Perigosos e seu Depósito, instituída em 22 de março de 1989, a qual dispõe sobre a exportação, a importação e o trânsito de resíduos.

Na Instrução Normativa n° 13 constam alguns resíduos cuja grafia vem acompanhada de asterisco (*). Trata-se de resíduos considerados pelo Ibama como perigosos à saúde pública ou à qualidade ambiental em função de sua origem ou por apresentarem características de inflamabilidade, corrosividade, reatividade, toxicidade, patogenicidade, carcinogenicidade, teratogenicidade (má-formação em fetos ou embriões) ou mutagenicidade (mutação genética).

O sistema de classificação adotado pelo Ibama consiste em seis números cuja função é permitir a rastreabilidade de sua origem, por meio de seus materiais constituintes, de modo a facilitar o planejamento do sistema de gestão de resíduos e seu manejo. Os números que compõem o sistema de identificação são assim estruturados:
- os dois primeiros dígitos referem-se ao capítulo onde consta o resíduo em questão;
- os dois dígitos seguintes referem-se ao subcapítulo;
- os dois últimos dígitos individualizam o resíduo, tornando-o único na lista. Ficou estabelecido que o código 99 identifica aqueles resíduos cuja origem não é representada na lista.

O método proposto consiste nas seguintes etapas sequenciais: primeiro, é preciso procurar a fonte geradora nos capítulos de 1 a 12; depois, nos de 17 a 20; então, nos de 13 a 15; no final, no 16. Caso não seja encontrada, adotar o código 99 na identificação do resíduo.

Ressalta-se que constam da lista brasileira não somente os resíduos sólidos associados à construção civil, mas também os principais resíduos associados a processos industriais, serviços de saúde e comerciais.

Exercícios

13 Estime a quantidade e a classificação dos resíduos de construção associados à construção do ambiente em que você se encontra neste momento. Defina também as potenciais destinações adequadas a cada um deles.

14 Busque a Instrução Normativa n° 13. A partir dessa lista, identifique a classificação dos seguintes resíduos provenientes de uma hipotética obra de demolição de linha férrea: trilhos de aço; dormentes de madeira; rochas retiradas da base de dormentes, contaminadas com óleos e graxas.

6.2 Acondicionamento e armazenamento

O **acondicionamento** refere-se ao recipiente que contém um resíduo; já o **armazenamento** é entendido como o local em que esse recipiente permanece durante determinado tempo para que o resíduo "aguarde" os encaminhamentos para destino. Por exemplo, um saco plástico ou uma lixeira são formas de acondicionamento de um resíduo, enquanto uma baia com vários tambores ou uma central de resíduos são os locais de armazenamento.

É desejável que os recipientes dos resíduos sejam acompanhados de símbolos que designem sua função. A identidade visual é muito importante nessa fase. Recomenda-se, por exemplo, adotar o padrão de cores da Resolução Conama n° 275 (Conama, 2001a), mostrada no Quadro 6.1.

Quadro 6.1 Código de cores para coleta seletiva

Código de Cores para os Diferentes Tipos de Resíduos Resolução Conama n° 275 (Conama, 2001a)	
Azul	papel/papelão
Vermelho	plástico
Verde	vidro
Amarelo	metal
Preto	madeira
Laranja	resíduo perigoso
Branco	resíduo ambulatorial e de saúde
Roxo	resíduo radioativo
Marrom	resíduo orgânico
Cinza	resíduo geral não reciclável, misturado ou contaminado, não passível de separação

Para uma mais clara sinalização, além de palavras descrevendo o uso de cada dispositivo de coleta, recomenda-se o uso de figuras, visando à utilização também por colaboradores analfabetos ou semialfabetizados, como nos exemplos da Fig. 6.1.

PAPEL	PLÁSTICO
Resíduo Classe B	Resíduo Classe B
Logo da empresa	Logo da empresa
Programa de gerenciamento de resíduos	Programa de gerenciamento de resíduos
METAL	VIDRO
Resíduo Classe B	Resíduo Classe B
Logo da empresa	Logo da empresa
Programa de gerenciamento de resíduos	Programa de gerenciamento de resíduos
MADEIRA	GESSO
Resíduo Classe B	Resíduo Classe B – Não misturar com outros materiais
Logo da empresa	Logo da empresa
Programa de gerenciamento de resíduos	Programa de gerenciamento de resíduos
ORGÂNICO	RESÍDUOS PERIGOSOS
Restos de comida	Resíduos Classe D - Latas de tintas - Estopas sujas ou com óleo - Solventes - Produtos químicos
Logo da empresa	Logo da empresa
Programa de gerenciamento de resíduos	Programa de gerenciamento de resíduos

Fig. 6.1 *Exemplos de cartazes utilizados na sinalização de dispositivos contenedores*

Este tipo de sinalização deve ficar em local de fácil visualização, preferencialmente permanente, e que não dificulte as atividades operacionais de obra. Para o acondicionamento de resíduos sob a forma de caçambas estacionárias, por exemplo, podem-se utilizar placas informativas com informações desde os tipos de resíduos que o dispositivo deve armazenar até quais resíduos são ali proibidos.

Outro exemplo são caçambas estacionárias destinadas ao recebimento de resíduos Classe A que não podem receber papéis, papelões, plástico, gesso ou lixo: essa informação deve constar na respectiva placa, conforme ilustrado na Fig. 6.2. Em princípio tais placas podem ser confeccionadas em material resistente às intempéries metálico ou plástico, devem ser pintadas e presas a hastes fixadas em lata concretada no chão.

Esta forma de sinalização facilita o processo de rearranjo do canteiro e a dinâmica da obra. Visando facilitar a coleta dos demais resíduos e o condicionamento dos trabalhadores à correta separação, pode-se prever a colocação de um recipiente (por exemplo, um latão metálico de 200 L) para a coleta dos demais resíduos, os quais são posteriormente segregados e encaminhados para o respectivo processo de reciclagem.

Quanto ao acondicionamento dos resíduos na obra, sugere-se a adoção dos cuidados indicados pelo Sindicato da Construção (Sinduscon, 2005), ou seja, conforme sua viabilidade, em atenção à legislação e atenuantes locais, conforme o Quadro 6.2.

Quanto ao armazenamento, sugere-se observar também as orientações práticas do Sinduscon (2005). No canteiro de obras, a estocagem deve obedecer aos seguintes critérios básicos: classificação, frequência de utilização, empilha-

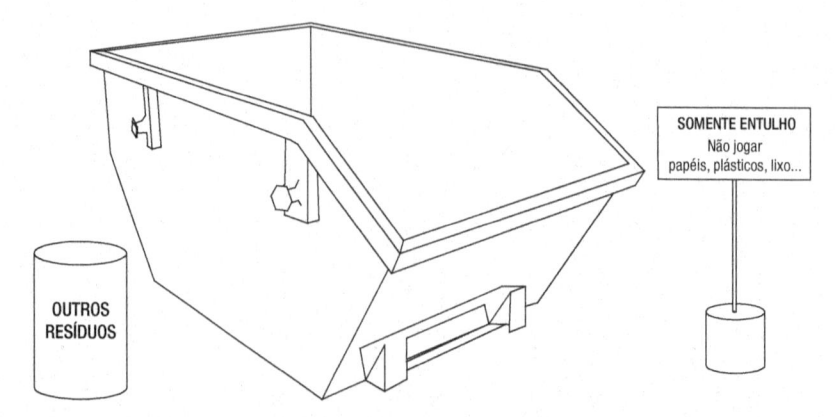

Fig. 6.2 *Modelo de sinalização de caçambas na obra*

Quadro 6.2   **Formas de acondicionamento de resíduos**

Resíduo	Forma de acondicionamento
Bloco de concreto, bloco cerâmico, argamassa, outro componente cerâmico, concreto, tijolo e assemelhados	Em pilhas montadas próximas aos locais de geração, nos respectivos pavimentos.
Madeira	Em bombonas sinalizadas e revestidas internamente por saco de ráfia (pequenas peças) ou em pilhas montadas nas proximidades da própria bombona e dos dispositivos para transporte vertical (grandes peças).
Plástico (sacaria de embalagens, aparas de tubulações etc.)	Em bombonas sinalizadas e revestidas internamente por saco de ráfia.
Papel (escritório) e papelão (sacos e caixas de embalagens dos insumos utilizados durante a obra)	Em bombonas sinalizadas e revestidas internamente por saco de ráfia, para pequenos volumes. Como alternativa para grandes volumes: *bags* ou fardos.
Metal (ferro, aço, fiação revestida, arame etc.)	Em bombonas sinalizadas e revestidas internamente por saco de ráfia ou em fardos.
Serragem	Em sacos de ráfia próximos aos locais de geração.
Gesso de revestimento, placa acartonada e artefatos	Em pilhas montadas próximas aos locais de geração dos resíduos, nos respectivos pavimentos.
Solos	Eventualmente em pilhas, mas, preferencialmente, para imediata remoção (carregamento dos caminhões ou caçambas estacionárias logo após a remoção dos resíduos de seu local de origem).
Tela de fachada e de proteção	Recolher após o uso e dispor em local adequado.
Poliestireno expandido (EPS – isopor)	Em pequenos pedaços: sacos de ráfia. Em placas: formar fardos.
Resto de alimentos, suas embalagens, copo plástico usado e papel sujo (refeitório, sanitários e áreas de vivência).	Cestos para resíduos com sacos plásticos para coleta convencional.
Resíduo de ambulatório	Acondicionar em dispositivos apropriados, conforme normas específicas.

Quadro 6.2 (continuação)

Resíduo	Forma de acondicionamento
Resíduo perigoso presente em embalagens plásticas e de metal; instrumento de aplicação como broxa, pincel, trincha; material auxiliar como pano, trapo, estopa etc.	Manuseio com os cuidados observados pelo fabricante (que se encontram na ficha de segurança da embalagem ou no elemento contaminante do instrumento de trabalho). Transporte imediato para o local de acondicionamento final.
Resto de uniforme, bota, pano e trapo sem contaminação por produtos químicos	Disposição em *bags* ou bombonas.

Fonte: adaptado de Sinduscon (2005).

mento máximo, distanciamento e alinhamento entre as pilhas, distanciamento do solo e preservação do espaço operacional. Em função do tipo de material do resíduo, poderão ser empregados no acondicionamento e armazenamento os equipamentos dispostos no Quadro 6.3.

Quadro 6.3 Dispositivos acessórios ao acondicionamento ou armazenagem de resíduos

Dispositivo	Descrição	Acessórios Utilizados
Bombona	Recipiente plástico, com capacidade de 50 L, para armazenar substâncias líquidas. Depois de corretamente lavado, pode ser utilizado como dispositivo para coleta.	• Sacos de ráfia • Sacos de lixo simples • Adesivos de sinalização
Bag	Saco de ráfia reforçado, de 4 alças e com capacidade para armazenamento em torno de 1 m³.	• Suportes de madeira ou metálico • Plaquetas para fixação dos adesivos de sinalização • Adesivos de sinalização
Baia	Geralmente construída em madeira, com dimensões diversas, adapta-se às necessidades de armazenamento do resíduo e ao espaço disponível em obra.	• Adesivos de sinalização • Plaquetas para fixação dos adesivos de sinalização • Impermeabilização de base
Caçamba estacionária	Recipiente metálico com capacidade volumétrica de 3 m³, 4 m³ ou 5 m³.	• Cobertura e cadeado, quando em via pública • Sinalização vertical de uso

Fonte: adaptado de Sinduscon (2005).

Esses dispositivos deverão ser empregados conforme o tipo do material do resíduo, conforme sugestão apresentada no Quadro 6.4.

Quadro 6.4 **Formas de acondicionamento ou armazenagem de resíduos**

Tipos de resíduo	Forma de acondicionamento ou armazenagem
Bloco de concreto, bloco cerâmicos, argamassa, outros componentes cerâmicos, concreto, tijolo e assemelhados	Caçambas estacionárias (de preferência).
Madeira	Baias sinalizadas (de preferência) ou caçambas estacionárias.
Plástico (sacaria de embalagens, aparas de tubulações etc.)	Baias ou *Bags* sinalizados.
Papel (escritório) e papelão (sacos e caixas de embalagens dos insumos utilizados durante a obra)	*Bags* sinalizados ou fardos (em local coberto).
Metal (ferro, aço, fiação revestida, arames etc.)	Baias sinalizadas ou caçambas estacionárias exclusivas.
Serragem	Baia para o montante de sacos ou *bags*.
Gesso de revestimento, placa acartonada e artefato	Caçambas estacionárias (respeitando condição de segregação em relação aos resíduos de alvenaria e concreto).
Solos	Caminhões com caçamba ou caçambas estacionárias (preferencialmente separados dos resíduos de alvenaria e concreto).
Tela de fachada e de proteção	Baias sinalizadas.
EPS	Baia para o montante de sacos ou fardos.
Resíduo perigoso presente em embalagens plásticas e de metal; instrumento de aplicação como broxas, pincéis, trinchas; outro material auxiliar como pano, trapo, estopa etc.	Baias devidamente sinalizadas, impermeabilizadas e com controle de circulação atmosférica (a fim de evitar acúmulo de gases tóxicos), para uso restrito das pessoas que, durante suas tarefas, manuseiem os resíduos.
Resto de uniforme, bota, pano e trapo sem contaminação por produtos químicos	*Bags* ou bombonas (agrupados por tipo de material).

Fonte: adaptado de Sinduscon (2005).

Quantas vezes forem possíveis, os resíduos devem ser reaproveitados na própria obra. Caso tal reaproveitamento demande armazenamento temporário, ele deve acontecer em área própria, tomando cuidado com a limpeza, a organização e o meio ambiente.

Em função do andamento da obra e caso os volumes de resíduos gerados diariamente se justifiquem, para o seu armazenamento temporário, pode ser implantada uma série de baias individualizadas, onde cada tipo de resíduo é armazenado em uma baia diferente, devidamente sinalizada.

Essas estruturas, geralmente executadas em madeira/madeirite e sarrafos, poderão ser implantadas a céu aberto ou em locais cobertos conforme a natureza dos materiais. Dependendo da classe dos materiais, em especial os perigosos (Classe D), deve-se executar a impermeabilização do fundo das câmaras das baias, medida que, associada à cobertura, evita o carreamento de lixiviado a sistemas de drenagem pluvial e evita problemas ambientais. Dois exemplos dessas estruturas, uma coberta e outra descoberta, são apresentados nas Figs. 6.3 e 6.4.

Caso o volume de resíduos seja alto, recomenda-se a construção de uma Central de Resíduos, um conjunto de estruturas destinado à gerência, triagem e armazenamento temporários de resíduos. Usualmente, além das baias, contam-se com ambientes propícios à triagem de materiais e armazenamento de resíduos perigosos (controle de iluminação e do acúmulo de gases tóxicos, circulação e acesso de pessoas, dispositivos de combate a incêndio etc.). Quando se tratar de resíduos perigosos, atentar às diretrizes constantes da norma NBR 12235 (ABNT, 1992) (Seção 2.2.2).

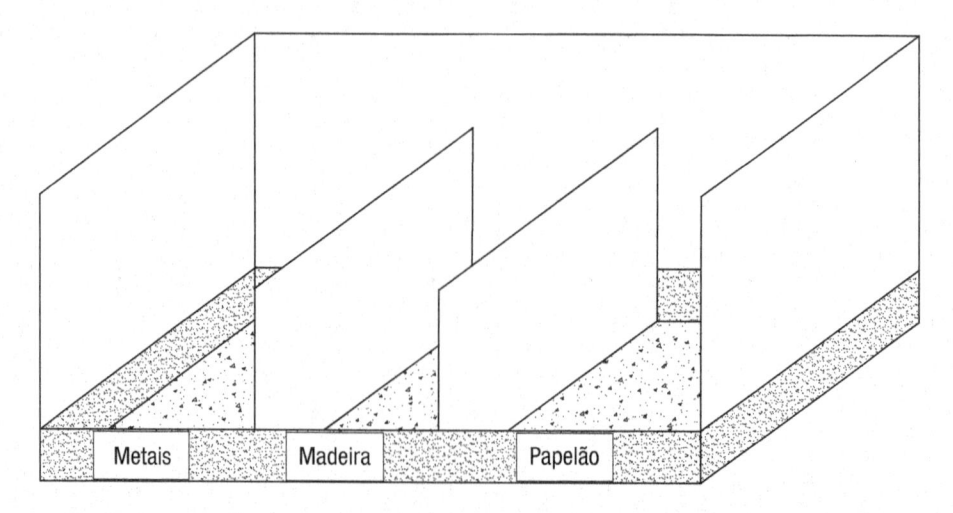

Fig. 6.3 *Vista geral de sistema de armazenamento em baias sem cobertura*

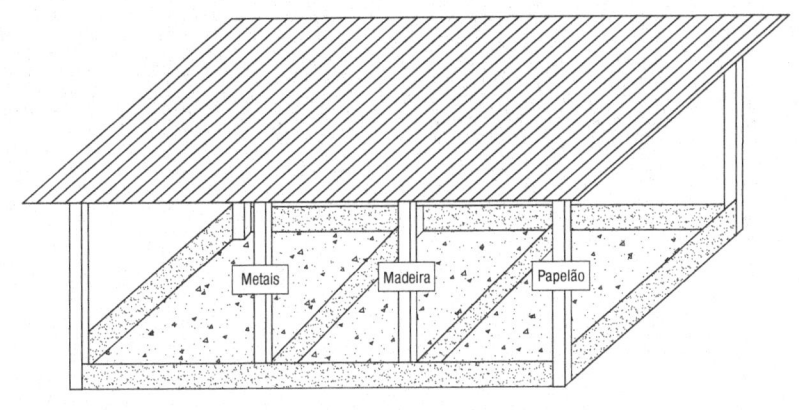

Fig. 6.4 *Vista geral de sistema de armazenamento em baias com cobertura*

Exercício

15 Associe a coluna da esquerda, onde constam as cores às quais cada tipo de resíduo deve corresponder de acordo com a Resolução Conama n° 275 (Conama, 2001a), com a coluna da direita, onde constam exemplos de resíduos de construção e demolição.

(1) azul   ( ) embalagem plástica
(2) verde   ( ) resto de arame cozido
(3) preto   ( ) resíduos radioativos de concreto
(4) roxo   ( ) espelhos quebrados de demolição
(5) laranja   ( ) telhas contendo amianto
(6) vermelho   ( ) documentos inutilizados
(7) amarelo   ( ) resíduos de madeira não contaminada
(8) branco   ( ) restos de curativos

6.3 Coleta

A coleta dos resíduos na obra deve obedecer a alguns critérios técnicos, principalmente quanto à forma e à frequência. Esta última deve ser constantemente revista em função das atividades desenvolvidas naquele período, já que implicam diretamente na quantidade de resíduos gerada.

A maioria dos resíduos de construção no Brasil não apresenta restrição quanto ao tempo máximo de acondicionamento, embora seja desejável o encaminhamento para reuso ou destinação assim que possível, evitando problemas maiores.

Entende-se por **frequência de coleta** o número de vezes em que é feita a remoção de resíduos sólidos por unidade de tempo em determinado local. Influenciam na frequência de coleta o tipo de resíduo gerado, os recursos materiais e humanos disponíveis, o espaço disponível ao armazenamento dos resíduos e a frequência de coleta externa. O período de coleta deve ser preferencialmente diurno e acontecer ao fim de cada jornada de trabalho. No Quadro 6.5 são sugeridas algumas frequências de coleta segundo o tipo de resíduo.

Quadro 6.5 **Frequência recomendada de coleta de resíduos**

Resíduo a ser coletado	Frequência
Lixo comum não reciclável	Diária
Lixo comum reciclável	Duas vezes por semana
Demais resíduos	Depende da quantidade gerada e do cronograma da obra, devendo ser definida caso a caso

A coleta do lixo comum, reciclável e não reciclável, deve acontecer de preferência diariamente, salvo quando ele necessitar ser armazenado temporariamente em um recipiente contenedor (de onde o resíduo é encaminhado para o serviço de coleta pública municipal – se permitido – ou outro sistema de destinação apropriado, na periodicidade prevista pela administração municipal ou pelo reciclador).

Nas atividades de coleta dos resíduos cotidianos (embalagens, varrição, lixo comum etc.), é recomendado que os operários designados para essa função utilizem vassouras, vassourões, carrinhos de mão e pás – para a limpeza a seco – e baldes e mangueiras – para a limpeza a úmido –, e, quando se tratar de grande volume, podem utilizar equipamentos mecânicos (lavadores pressurizados, retroescavadeira etc.). Sempre que fizer uso de água, os funcionários responsáveis devem estar atentos para não permitir que lixo e solo sejam transportados aos sistemas de drenagem (implantados ou em implantação). Quando aplicáveis, os resíduos coletados devem ser acondicionados em sacos plásticos ou de ráfia, tambores ou caçambas, sendo posteriormente encaminhados para destinação adequada.

6.4 Transportes de RCDs

A preocupação com o deslocamento de RCDs vai além dos aspectos ambientais. Afinal, essa logística, se bem executada, organiza a obra, reduz os custos de gerenciamento dos resíduos e a os riscos aos trabalhadores. Basicamente, ocorrem dois tipos de transporte em uma obra: interno e externo. O transporte interno acontece no interior dos limites imediatos da obra, enquanto o externo se propõe a levar os resíduos da obra a um destino externo (reciclagem, aterro industrial, coprocessamento etc.).

6.4.1 Transporte interno

Em geral, o transporte interno dos resíduos cotidianos de uma obra é promovido pelos próprios operários, que se encarregam da coleta dos resíduos nos locais onde eles são gerados e os encaminham aos locais de armazenamento temporário.

Cada atividade ou processo construtivo e, consequentemente, o tipo de resíduo gerado, possui uma forma adequada de transporte. Por exemplo, um carpinteiro, ao serrar tábuas, pode transportar as sobras de madeira até o local de armazenamento levando-as nos braços ou em um carrinho de mão. Em outro caso, um pedreiro que realiza a atividade de chapisco, ao coletar os resíduos de argamassa que caíram no chão, pode efetuar o transporte utilizando um balde ou uma lata. É comum, por exemplo, incumbir os próprios armadores (de estruturas de aço) da responsabilidade de promover a limpeza (varrição) e a coleta dos resíduos inerentes à atividade de armação e os conduzir aos locais de armazenamento.

Em obras de maior porte, alguns funcionários são especificamente designados à função de coletar e transportar esses resíduos. Nesses casos, o custo desse funcionário se justifica na medida em que haja um ganho de eficiência para o cumprimento do cronograma da obra. É comum, portanto, que esse funcionário fique encarregado de executar a troca dos sacos (plásticos ou de ráfia) ou ainda armazenar os resíduos nos pavimentos, em locais pré-determinados, sob a forma de pilhas. Já outros funcionários podem efetuar o encaminhamento dos sacos de resíduos, ou materiais das pilhas, até as áreas de armazenamento temporário (baias) ou destinação (coleta externa).

Eles também podem auxiliar no transporte interno por meio de carrinhos de mão, talhas, giricas, elevadores de carga, gruas e, eventualmente, por um condutor de entulho (tubo que conduz os resíduos de pavimentos superiores ao térreo, muitas vezes descarregando o entulho diretamente sobre uma caçamba estacionária). No Quadro 6.6 são apresentadas alternativas para o transporte interno dos resíduos na obra.

6.4.2 Transporte externo

O serviço de transporte externo dos resíduos é usualmente promovido por empresas terceirizadas especializadas. Eventualmente a própria construtora conduz

Quadro 6.6 **Tipos de transporte interno para residual**

Resíduo	Transporte interno
Bloco de concreto, bloco cerâmico, argamassa, outros componentes cerâmicos, concreto, tijolo e assemelhados	Carrinho de mão (deslocamento horizontal), condutor de entulho, elevador de carga ou grua (deslocamento vertical).
Madeira	Pequenos volumes: sacos de ráfia (deslocamento horizontal), elevador de carga ou grua (deslocamento vertical). Grandes volumes: transporte manual, em fardos, com auxílio de carrinhos associados a elevador de carga ou grua.
Plástico, papel, papelão, metal, serragem e EPS	Saco, *bag* ou fardo (com o auxílio de elevador de carga ou grua, quando necessário).
Gesso de revestimento, placa acartonada e artefato	Carrinho de mão (deslocamento horizontal) e elevador de carga ou grua (deslocamento vertical).
Solos	Pequenos volumes: carrinho e girica. Grandes volumes: equipamento disponível para escavação e transporte (pá carregadeira, *bobcat* etc.).
Resíduo de limpeza e varrição	Carrinho de mão (deslocamento horizontal) e condutor de entulho, elevador de carga ou grua (deslocamento vertical).

Fonte: adaptado de Sinduscon (2005).

seus resíduos até um destino externo. Esse serviço de coleta acontece por meio de contratos específicos, em que são previstos os tipos de resíduos transportados, a frequência e a respectiva remuneração, devendo-se observar também as orientações dos órgãos ambientais, gerando os respectivos Manifestos de Transporte de Resíduo (MTRs). Atualmente, na geração da documentação aplicável, deve-se fazer uso da plataforma integrada do Governo Federal MTR-SINIR.

É muito importante que a construtora preveja, nesses contratos, que os respectivos certificados de destinação, manifestos de transporte e licenças ambientais sejam providenciados pelo prestador do serviço (por exemplo, junto à plataforma MTR-SINIR) e que sejam previstas restrições em caso de descumprimento (por exemplo, condicionar o pagamento referente a uma medição à apresentação dos respectivos certificados de destinação dos resíduos). Antes mesmo de firmar o contrato, é importante que a construtora se assegure de que o prestador de serviços atende às exigências legais, devendo-se sempre exigir as licenças e cadastros cabíveis.

O transporte externo de resíduos geralmente utiliza caminhões adaptados a essa função, uma vez que o estado físico dos resíduos pode influenciar sua opção por determinado tipo de veículo. Por exemplo, resíduos líquidos necessitarão ser transportados em contenedores fechados, senão podem ser derramados ao longo do percurso. Situação semelhante acontece quando solos residuais são transportados em caminhões com caçamba basculante (poliguindaste), os quais devem possuir ao menos uma lona ou tela, a fim de evitar que parte dos resíduos caia ao longo das vias (o que pode inclusive causar acidentes de trânsito).

No caso de resíduos não perigosos, principalmente embalagens (plásticas, papéis, papelões, isopor etc.), é comum utilizar caminhões ou caçambas estacionárias.

Já os resíduos perigosos devem ser transportados por empresas especializadas nesse tipo de material, porque podem, além de contaminar o meio ambiente, ser tóxicos, explosivos, corrosivos etc., e sua manipulação deve ser feita observando as questões de segurança, tanto dentro quanto fora da obra, com especial atenção ao uso de equipamentos de proteção individuais e coletivos.

Quanto aos treinamentos de pessoal, os motoristas devem ser orientados a conduzir adequadamente os materiais às áreas de destinação ou reciclagem, proibindo seu extravio, e a utilizar lonas para cobertura das caçambas, evitando-se assim a queda de materiais ao longo do percurso, além de efetuar a limpeza do veículo sempre que necessário.

Ao apresentar as assinaturas (digitais) das partes envolvidas (gerador, transportador e destinatário), os documentos gerados pelas plataformas (como MTR-SINIR) fornecem segurança ao construtor, ao receber periodicamente registros da atividade de transporte. Paralelamente, ajuda a evitar o extravio de resíduos (venda de "carga de terra") pelos motoristas – por muito tempo prática comum – e que os resíduos sejam conduzidos a locais não autorizados. Portanto, além de os geradores ficarem incumbidos de reportar as cargas de resíduos descartadas, as empresas transportadoras devem periodicamente apresentar ao órgão ambiental os registros desse transporte, de modo que possa se fiscalizar o bom uso das áreas de destino e demais agentes do processo.

Outro ponto importante do MTR é que ele permite ao construtor conhecer a efetiva geração dos resíduos, compará-la às diretrizes de projeto e verificar e estabelecer os índices de desempenho e as metas na área de geração dos resíduos.

6.5 Destinações dos resíduos

De maneira geral, os resíduos da construção são destinados em função de sua classificação. As Resoluções Conama n° 307 (Conama, 2002) e 448 (Conama, 2012) estabeleceram como adequadas e permitidas as seguintes formas de destinação dos resíduos:

- **Resíduos Classe A:** devem ser reutilizados ou reciclados na forma de agregados ou encaminhados a aterro de resíduos Classe A e de preservação de material para usos futuros;
- **Resíduos Classe B:** devem ser reutilizados, reciclados ou encaminhados a áreas de armazenamento temporário, de modo a permitir a sua utilização ou reciclagem futura;
- **Resíduos Classe C e Resíduos Classe D:** devem ser armazenados, transportados ou destinados em conformidade com as normas técnicas específicas.

Beneficiar um resíduo é submetê-lo a operações e/ou processos que tenham como objetivo dotá-lo de condições de uso como matéria-prima ou produto. Nesse sentido, é preferível viabilizar estratégias de beneficiamento de resíduos a destiná-los a usos menos nobres, como aterros ou incineração. Como exemplo de bom proveito pode-se citar o agregado reciclado, material granular proveniente do beneficiamento de resíduos de construção que apresentem características técnicas para a aplicação em obras de edificação, de infraestrutura, em aterros sanitários ou outras obras de engenharia.

Determinados resíduos requerem um tratamento prévio, que deve acontecer prioritariamente na própria obra. Essas operações preparatórias devem envolver os bens e os objetos descartados para torná-los adequados ao processamento posterior. Como exemplo cita-se a remoção de barras de aço do concreto armado, que pode tanto viabilizar a reciclagem do aço quanto do concreto.

6.5.1 Estratégias de Aproveitamento Interno

O aproveitamento interno de resíduos é uma das estratégias ao alcance de qualquer construtora. Pensar sobre os processos construtivos e o modo como são desenvolvidos são os primeiros passos na solução para o tratamento dos resíduos em uma obra. Vislumbrar possibilidades de reaproveitamento de materiais possibilita o estabelecimento de critérios de execução das tarefas e a identificação de deficiências operacionais e de qualidade.

O primeiro passo para a organização do canteiro a fim de melhor aproveitar os resíduos é a sua reserva. A reserva é o processo de disposição segregada de resíduos triados para reutilização ou reciclagem futura – norma NBR 15112 (ABNT, 2004e).

Estas são algumas possibilidades de aproveitamento de determinados tipos de resíduos no interior do canteiro de obras ou da própria empresa:

- **Solo:** o projeto de engenharia ou arquitetônico deve prever a mínima movimentação de solo. Se essa movimentação for grande, provavelmente irá requerer grandes volumes de empréstimo de material ou cortes em outras obras, ou ainda pode ser necessário direcionar o material do canteiro de obras a aterros (bota-foras). Na concepção do projeto, deve-se, portanto, considerar os volumes de corte, os fatores de empolamento e a logística para entrega no aterro.

É importante nesse momento definir "bota-fora", que não necessariamente significa uso inadequado dos resíduos, mas sim, na maioria dos casos, simplesmente "aterro". Em outros casos, o termo significa uma disposição despretensiosa de resíduos em solo, sem observar os critérios de engenharia inerentes. Um **aterro** (ou bota-fora) é, portanto, a área onde são empregadas técnicas de disposição de resíduos Classe A no solo, visando a preservação de materiais segregados, de modo a possibilitar o uso futuro daquela área utilizando princípios de engenharia para confiná-los ao menor volume possível, sem causar danos à saúde pública e ao meio ambiente – norma NBR 15112 (ABNT, 2004e).

- **Restos de concreto, alvenaria e argamassa:** os resíduos de atividades de alvenaria e emboço devem dar condições para o reaproveitamento da argamassa. Para tal, sugere-se a colocação de tábua de madeira no chão junto à parede a fim de facilitar a coleta da argamassa excedente (Fig. 6.5). Desse modo, evita-se sua perda, além de auxiliar as atividades de limpeza na obra. Essa técnica resulta em sensível redução de custos, desde que sejam oferecidos, antes do início da obra, treinamentos específicos aos pedreiros e serventes.
- **Restos de madeira:** pregos ou pinos metálicos devem ser retirados de tábuas, sarrafos ou escoras, a fim de facilitar seu reaproveitamento, conforme recomendado por Lima e Lima (2009). Esses resíduos devem ser coletados manualmente e direcionados às respectivas baias ou caçambas, alojadas no andar térreo, ou ainda podem ser temporariamente acondicionados sob a forma de pilhas em andares intermediários (no caso de obras verticais), o que facilita a logística de reutilização desse material. Se tais resíduos não forem passíveis de reutilização, deve ser providenciada sua destinação de

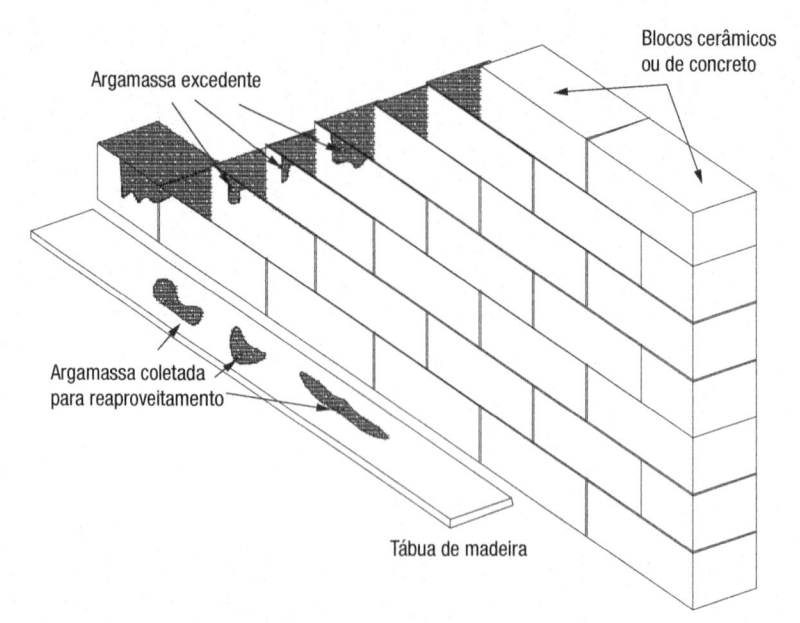

Fig. 6.5 *Vista perspectiva do sistema de reaproveitamento de argamassa*

modo a respeitar o meio ambiente, ou seja, por meio de bioprocessamento ou de encaminhamento (eventualmente doação) para ser picado e utilizado como combustível (lenha).

- **Metais:** tapumes, barras de aço, alumínio, cobre etc. devem vislumbrar seu reaproveitamento maximizado; na impossibilidade de reaproveitamento na própria obra, devem retornar aos fornecedores para reprocessamento e/ou reciclagem desses materiais.

Ressalta-se que a Resolução Conama nº 448 (Conama, 2012) suprimiu a expressão "reutilizado" dos destinos possíveis para os resíduos perigosos (Classe D), e se conclui que isso não é mais permitido.

6.5.2 Estratégias de aproveitamento externo

Embora não exista consenso entre todos os autores, a norma NBR 15112 (ABNT, 2004e) define reutilização como o processo de aproveitamento de um resíduo sem transformação, e reciclagem como o processo de aproveitamento de um resíduo após ter sido transformado. Alguns autores defendem que a melhor definição para reutilização seja o uso de material ou resíduo, pós-processamento ou não, para a mesma finalidade (por exemplo, briquetes britados empregados para fabricação de novos briquetes) e reciclagem como o emprego de material ou resíduo, pós-processamento ou não, para outra finalidade (por exemplo, garrafas PET utilizadas na fabricação de conduítes).

O modo de processamento de resíduos da construção deriva, em especial na fase de demolição, por suas características de resistência mecânica, da área da mineração. São empregadas como técnicas de processamento o peneiramento, a redução (trituração e moagem), a separação de materiais ferrosos e a classificação.

Na área rodoviária, é comum a combinação entre processos mecânicos e térmicos, tendo-se como exemplos a fresagem fria (fresa), a fresagem quente (pré-aquecimento com queimadores, aquecedores infravermelhos ou canhões a laser) e o tratamento no local (recicladoras) ou em usinas.

Os agregados provenientes desses processos de beneficiamento (agregados reciclados) apresentam características bastante particulares, podendo ser empregados em diversos usos, como mostra o Quadro 6.7.

O uso de materiais não convencionais (alternativos), por causa da incorporação de resíduos à sua composição ou do uso de matérias-primas pouco utilizadas, requer a análise de sua viabilidade produtiva (quantidade, local, mercado etc.), a análise de suas características e propriedades (por meio de pesquisas direcionadas, em laboratórios ou projetos-piloto, por exemplo) e a análise da sua durabilidade e aplicabilidade.

Quadro 6.7 **Uso dos agregados na construção civil**

Produto	Características	Principais usos
Areia	Diâmetro máx. < 4,8 mm (de blocos de concreto e concreto)	• Argamassa para assentamento • Contrapiso • Bloco de vedação
Pedrisco	Diâmetro máx. < 6,3 mm (de blocos de concreto e concreto)	• Artefato de concreto • Piso intertravado • Guia • Bloco de vedação
Brita 1 ou 2	Diâmetro máx. < 39,0 mm (de blocos de concreto e concreto)	• Concreto sem funções estruturais • Obra de drenagem
Bica Corrida	Diâmetro máx. < 63,0 mm (de resíduos de construção civil)	• Sub-base e base de pavimentos rodoviários. • Regularização de vias não pavimentadas
Rachão	Diâmetro máx. < 150,0 mm (de resíduos de construção civil)	• Substituição de solo • Terraplenagem • Drenagem

Fonte: Levy (1997).

Diversos materiais são cada vez mais utilizados nesse segmento de mercado, altamente competitivo e inovador. Os resíduos Classe A são usualmente coletados por meio de equipamentos mecânico-hidráulicos (retroescavadeiras e carregadeiras), que os descarregam em caminhões basculantes, que seguem diretamente para as áreas de destino (devidamente licenciadas). A cada carga, sugere-se emitir um Manifesto ou Certificado de Transporte de Resíduo (MTR ou CTR), para efetivo controle.

6.5.3 Reciclagem

A reciclagem é um processo bastante útil na cadeia dos resíduos de construção e demolição uma vez que possibilita a sua reinserção em outros processos. Há, basicamente, quatro tipos de reciclagem:

- **Primária:** consiste na transformação do resíduo em material original. Por exemplo: pneu usado transformado em pneu novo, concreto asfáltico processado e reaplicado como novo pavimento, engradados de cerveja moídos e empregados como matéria-prima para novos engradados.
- **Secundária:** transformação do resíduo para um propósito diferente. Exemplo: pneu usado utilizado na fabricação de esteiras, engradados de cerveja moídos e empregados como matéria-prima para sacolas plásticas.
- **Terciária:** transformação de um produto sintético para a fabricação de outro plástico (despolimerização). Exemplo: garrafas PET.
- **Quaternária:** transformação de materiais primários em energia. Exemplo: incineração de material sintético ou papel usado, gerando energia e aproveitamento de biogás de estações de tratamento de esgotos.

A viabilidade técnica de aproveitamento de um material em um processo de reciclagem está condicionada às suas condições de preservação ou às suas características. Desse modo, as matérias-primas secundárias (resíduos) devem ser identificadas, classificadas, reduzidas (em volume, em forma física ou química) e separadas.

Por exemplo, um pacote de leite não pode ir direto ao moedor de papel por causa do polietileno no interior e no exterior da caixa, que não é adequado à produção do papel; do mesmo modo, outros materiais requerem processamento prévio a fim de permitir reciclagem (uma caneta comum é composta por de cinco a dez metais e plásticos diferentes; computadores, televisores, concreto armado, madeira de caixaria etc.).

Nesse sentido, diversas técnicas de desmontagem ou desconstrução são bem-vindas. Muitas vezes, aspectos como escala (custo, mercado), falta de tecnologia, mão de obra especializada, legislação e fiscalização são impeditivos à boa realização dos processos de desmontagem.

No setor da reciclagem, cumpre ao Estado, representando os interesses da sociedade e do meio ambiente, a responsabilidade de fomentar suas atividades por meio de estratégias de regulação, fiscalização e promoção de incentivos (fiscais, financeiros, comerciais), com o objetivo de reduzir a quantidade de resíduos gerados, utilizar menor quantidade de materiais para elaborar um produto (*design* e projeto), viabilizar economicamente o setor da reciclagem e minimizar os danos ambientais associados.

Nunes et al. (2007) observaram ser inviáveis economicamente as iniciativas privadas voltadas à reciclagem de RCDs em razão do panorama de mercado vigente à época de sua publicação. O estudo conclui ainda que centros de reciclagem de RCDs podem ser economicamente viáveis para entidades ou instituições públicas, mas dependem das circunstâncias particulares de cada município (custos de disposição em aterro, custos de transporte dos RCDs para aterros sanitários e o preço de aquisição de produtos naturais). A viabilidade é marcada pelas condições de continuidade de operação dos centros de reciclagem e volumes de RCDs envolvidos.

Algumas possibilidades de atuação pelo Estado, de modo a fomentar o setor, são: vincular a aprovação de projetos de construção a projetos de desconstrução (levando os projetistas e empreendedores a pensarem na questão do pós-uso); execução de projetos de gerenciamento de resíduos da construção civil; elaboração de projetos para reciclagem (citando-se a experiência do PPR, na Holanda); promoção de Análises de Ciclo de Vida de Produtos (ACVP) aplicados na construção civil.

Por um lado, os avanços tecnológicos permitem ampliar as possibilidades de reciclagem de resíduos. Assim, materiais que hoje não podem ser reciclados amanhã podem passar a sê-lo. E, se hoje se impõe seu desuso, amanhã pode ser que sua utilização seja incentivada. Cumpre lembrar que há processos de reciclagem mais eficientes e outros menos eficientes, quer na quantidade de rejeitos decorrentes do próprio processo de reciclagem, quer na geração de subprodutos cujas características (físicas, químicas, mecânicas etc.) podem inviabilizar técnica, econômica ou ambientalmente a reciclagem.

Por outro, é importante também salientar que os empreendimentos que promovem a reciclagem de determinados tipos de resíduos nem sempre estão disponíveis em todo o território nacional, o que, muitas vezes, inviabiliza economicamente a reciclagem por causa do custo do transporte. Essa situação impõe ao gerente da obra a verificação das alternativas de reciclagem para cada tipo de resíduo.

Por conseguinte, questiona-se a classificação trazida pelas Resoluções Conama nº 307 (Conama, 2002) e nº 448 (Conama, 2012), que não deixam claro se um resíduo reciclável deve ser classificado como um resíduo Classe B, considerando-se apenas que há tecnologia disponível para sua reciclagem, ou Classe C, considerando-se que não haja supostamente economia na viabilização dessa reciclagem. Confrontam-se, portanto, aspectos técnicos e econômicos nessa classificação. Notadamente os resíduos de gesso também se enquadram nesse questionamento na medida em que a nova resolução o reclassificou de Classe C para Classe B sem, contudo, considerar que, na maioria do território nacional, não há viabilidade econômica de encaminhamento desses resíduos às respectivas unidades de reciclagem.

Os materiais mais utilizados no ramo da construção civil são:

- **Poliestireno (isopor):** utilizado na construção civil geralmente como isolante térmico e acústico. É um tipo de plástico totalmente reciclável. Utilizado também na fabricação de molduras de quadros, sancas, rodapés, réguas, solados para calçados, brinquedos e como agregados para concretos leves. Atualmente os municípios de São Paulo e Curitiba contam com unidades específicas para reciclagem desses materiais. A principal dificuldade na cadeia da reciclagem do isopor é o transporte, que, devido à baixa densidade do material (por conter gás pentano), deve carregar grande volume. Sua viabilização somente é possível por causa do desenvolvimento de tecnologia para retirada do gás pentano e consequente compactação desses resíduos (agrupados em fardos), o que repercute em ganho tanto espacial quanto financeiro. O material é então encaminhado à recicladora onde o poliestireno é triturado, derretido, granulado e utilizado na fabricação de novos produtos.
- **Gesso:** aplicado em forros e paredes (*drywall*, gesso acartonado etc.) como ligante ou regulador do tempo de pega (argamassas, concretos, blocos, emboço etc.). É aplicado, em caráter experimental no interior do Paraná, como corretivo agrícola e pela indústria do calcário. Devido à fácil contaminação, é de difícil reciclagem na construção civil (incorporação a concretos especiais). A rigor, não deveria ser utilizado como material constituinte de aterros por apresentar alta taxa de solubilização, o que incorreria em gran-

des recalques, contaminação de solo etc., embora pesquisas afirmem o contrário.

- **Metal:** cortes e sobras de barras e vergalhões de aço, parafusos, pregos, latas, tiras metálicas de embalagens, concreto armado de demolição etc. Em geral, são tratados como sucatas, comercializados em ferros-velhos, derretidos e transformados em novas peças.
- **Papel/papelão:** embalagens, projetos, documentos e relatórios inutilizados etc. Sua reciclagem é usualmente viabilizada junto a cooperativas.
- **Madeira:** formas e caixaria, tapumes, sobras de ripas e caibros, revestimentos etc. Em geral, é reaproveitada na própria obra, para a mesma finalidade ou utilizados como marcos para topografia etc. Após contínuos reaproveitamentos, em geral é utilizada para fins energéticos (reatores biológicos ou fornos).
- **Resíduo orgânico:** resultado de supressões vegetais, podas, limpezas e varrições e restos de alimentos de trabalhadores. Seu destino mais comum é o aterro sanitário, mas podem também ser reciclados por meio de compostagem e biodigestão.
- **Solos:** oriundos de processos de escavação, terraplenagem ou de execução de fundações. Seu destino mais comum é a execução de aterros, no local da própria obra ou externamente. Pode ser empregado eventualmente na fabricação de tijolos tipo solo-cimento.
- **Material de dragagem:** resultado do depósito de sedimentos em canais e baías fluviais ou marítimas. Seu reuso é feito em engorda de praias, execução de aterros ou recifes artificiais. Deve-se atentar aos potenciais impactos ambientais (metais pesados aliados a ecossistemas frágeis, por exemplo).
- **Resíduo perigoso:** derivado de muitos tipos de materiais, sua reciclagem às vezes é colocada em segundo plano, dadas suas características de corrosividade, inflamabilidade etc. Em algumas situações basta seu pré-processamento para que se viabilize sua reciclagem, ainda que parcial. Seus destinos mais comuns são os aterros industriais ou sistemas de coprocessamento em fornos de cimento (clínquer).
- **Resíduo de Controle de Qualidade:** corpo de prova (amostra) utilizado para ensaios de qualidade. É gerado em um laboratório de controle de qualidade implantado no próprio canteiro de obras. Concretos de cimento Portland são classificados, nos termos da lei, como resíduos Classe A, ou seja, é possível aproveitá-los como agregados em pavimentos. É interessante seu uso no reforço dos acessos secundários a obra ou de lindeiros, a título de benfeitoria.

É cada vez mais comum a inclusão de RCDs no fabrico de concretos e argamassas. A utilização desses RCDs, já beneficiados, em uma unidade recicladora, após processos de cominuição e seleção granulométrica, também é bastante usual. Não se recomenda, no entanto, o uso de concretos com RCDs para fins estruturais. Lovato et al. (2012), ao investigarem a influência dos RCDs no desempenho mecânico e na durabilidade de concretos, concluíram que o aumento da quantidade de RCDs incorporados, de granulometria fina ou grossa, aumenta a relação água-cimento (a/c), a absorção de água e a profundidade de carbonatação do concreto. Portanto, é claro verificar que a área de desenvolvimento e o estudo de materiais originados a partir de RCDs precisa se desenvolver bastante nos próximos anos para resolver essa questão.

Ainda há entraves no reaproveitamento e reciclagem dos resíduos por causa de alguns motivos: o alto consumo de energia, a legislação que não estabelece critérios e incentivos e o gerador de resíduos que muitas vezes não se preocupa com os danos ambientais. Considerando que grande parte dos materiais provém de fontes naturais e exauríveis, essa situação pode levar a danos irreversíveis tanto para a sociedade quanto para o meio ambiente (Yuan; Shen; Li, 2011).

Preparação e organização do canteiro de obras 7

7.1 Layout do canteiro

O arranjo espacial das estruturas que possibilitam o gerenciamento dos resíduos e materiais no canteiro de obras é importante na medida em que possibilita a minimização de trajetos e fluxo de materiais (economizando tempo), diminui o risco de acidentes e permite maior produtividade.

Este *layout* (arranjo espacial) deve ser planejado ainda na fase de concepção da obra, considerando suas diferentes fases e etapas construtivas, os recursos humanos envolvidos na obra, a área construída, a existência de áreas de preservação ambiental, a área disponível para canteiro, a necessidade de outros usos (escritórios, banheiros, almoxarifado etc.), a circulação de máquinas e equipamentos, as áreas e procedimentos de carga e descarga de materiais, a verba disponível para sua consecução, o tamanho da equipe responsável pelo gerenciamento, o comprometimento da diretoria etc. A disponibilidade de área onde será o canteiro de obras é fundamental para a segregação e classificação dos resíduos (Yu et al., 2013).

Nessa etapa, pode-se utilizar o método japonês 5S para a perfeita organização do canteiro – veja o trabalho de Gonzalez (2009). Tal método é utilizado como facilitador dos processos de certificação segundo as normas NBR ISO 9001 (ABNT, 2009), NBR ISO 16001 (ABNT, 2010), NBR ISO 14001 (ABNT, 2004g) e as do Programa Brasileiro de Qualidade e Produtividade do Hábitat (PBQP-H). O método 5S se baseia em diretrizes gerais de organização do canteiro de obra, chamadas sensos: senso de utilidade (*seiri*), senso de organização (*seiton*), senso de limpeza (*seisou*), senso de saúde (*seiketsu*) e senso de autodisciplina (*shitsuke*).

O método recomenda não somente o descarte do que é desnecessário, mas também a definição de formas e locais apropriados para armazenamento de materiais, sua correta identificação (rotulagem), a eliminação de sujeiras (objetos estranhos às atividades), a manutenção das condições favoráveis à saúde e segurança (conforto ambiental etc.), a melhoria contínua e o comprometimento com a organização, a qualidade e o resultado.

Exercício

16 É preciso implantar um canteiro de obras/serviços com essas estruturas:
- escritório de obra;
- almoxarifado;
- sanitários;
- área para carpintaria;
- área para montagem das armaduras;
- área para gerenciamento e controle de resíduos.

Por razões econômicas e imobiliárias, a obra acontecerá em duas etapas:
- etapa 1: Bloco I, Bloco II e Área de Lazer e Churrasqueira;
- etapa 2: Bloco III.

A prefeitura somente autorizou o acesso viário pela Rua Carlos Vargas (ver Fig. 7.1).

Com esses dados, planeje a estrutura do canteiro na área restante.

7.2 Recursos materiais

Ultimamente observa-se que as construtoras buscam enquadrar-se em determinados padrões de qualidade, garantindo ao cliente obras limpas, seguras e com custos otimizados. Elas incorporaram práticas de quantificação, caracterização e controle de resíduos, transformando-os em insumos (também em outras cadeias produtivas), o que viabilizou economicamente sua gestão, diminuindo o desperdício e gerando mais receita.

A coleta e o acondicionamento dos resíduos sólidos são feitos com o auxílio de lixeiras, caçambas, baias, sacos de ráfia ou plásticos, entre outros. Tendo em vista que a geração de resíduos é sazonal e variável, cumpre dimensionar previamente a quantidade desses itens. Além disso, é necessário prever os materiais de consumo, empregados na elaboração de relatórios de controle, listagens de verificação em campo, além de material de divulgação e educação ambiental.

É recomendável que a elaboração e o armazenamento dessas informações sejam feitos por meio de um computador, porém arquivos físicos e pastas de controle podem também ser utilizados. Portanto, a equipe de gerenciamento deve

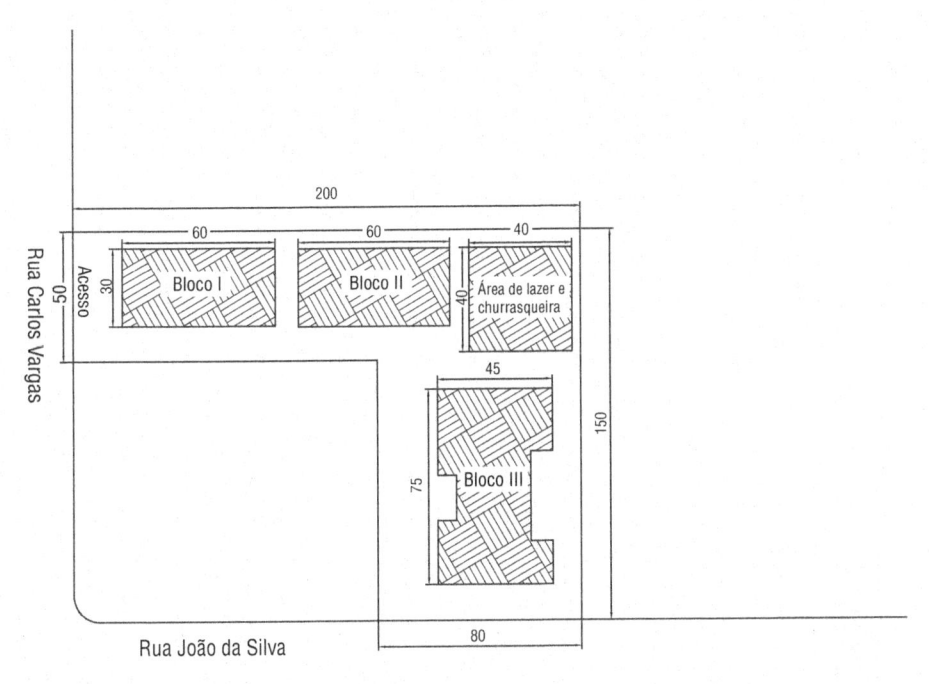

Fig. 7.1 *Canteiro de obras*

planejar o uso e investimento nesses recursos materiais, e a diretoria deve garantir sua efetivação. No caso de obras de grande porte, deve-se considerar ainda a aquisição ou a locação de veículos para o deslocamento das equipes.

7.3 Recursos humanos

7.3.1 Equipe de Gerenciamento de Resíduos (EGR)

As atuais relações de trabalho evidenciam estruturas hierárquicas mais horizontais. O coordenador, um profissional legalmente habilitado, geralmente um engenheiro civil ou um arquiteto, é designado para ser o líder e gestor da Equipe de Gerenciamento de Resíduos (EGR) e, por meio de ações específicas, usualmente agrupadas em programas (de treinamento, de gerenciamento, de educação ambiental etc.), põe em prática as diretrizes de gerenciamento daquela obra.

A EGR é composta então por almoxarifes, estagiários, apontadores, profissionais da área de qualidade, da área de segurança do trabalho, do setor de compras, entre outros. Cada um desempenha um papel fundamental no campo de obras, não somente por sua própria atuação, coleta e armazenamento de dados, orientação e instrução técnica, mas também pela fiscalização e pelo controle do gerenciamento na obra.

O gerenciamento de resíduos é uma demanda recente e as práticas inerentes ao seu processo ainda não foram incorporadas por muitas construtoras, que muitas vezes optam por terceirizar sua implantação. É claro perceber que, em virtude de o gerenciamento permear todas as atividades da obra, sua implantação terceirizada não repercute positivamente. Portanto, é recomendável que esse processo aconteça de maneira interna e orgânica, integrando simultaneamente as ações da construtora à política de seu gerenciamento.

E, por se tratar de um processo com ações de curto, médio e longo prazos, é aconselhável o correto treinamento do coordenador aliado à atuação de um consultor externo, especialmente na fase de implantação do gerenciamento, de modo que as ações gerenciais sejam incorporadas às práticas da construtora.

As atribuições do coordenador da EGR são:

- acompanhar e garantir a efetiva implantação do gerenciamento dos resíduos da construção civil;
- propagar a política do planejamento de modo que ela seja incorporada à cultura organizacional;
- estabelecer e periodicamente rever as metas para o gerenciamento, de maneira participativa;
- controlar o desempenho das ações previstas para o gerenciamento.

Já aos estoquistas e almoxarifes compete controlar o fluxo de materiais, resíduos e suprimentos. E ao setor de compras, exigir e arquivar cópia dos documentos e contratos feitos pela construtora.

Com relação aos funcionários terceirizados, é interessante que conste nos seus contratos o comprometimento com a política do contratante, muitas vezes elaborado por um setor responsável, a fim de garantir as diretrizes do gerenciamento. Por exemplo, pode-se condicionar o pagamento dos serviços prestados (medições) à apresentação de documentos (cópias de licenças, manifestos de transporte etc.), prever a participação dos funcionários terceirizados em treinamentos etc.

Além disso, alguns dos integrantes da EGR, além do coordenador da equipe ou consultores contratados, devem ficar responsáveis por fiscalizar a implantação e operação desse gerenciamento. Assim, esses profissionais poderão auditar o processo de gestão, propondo e tomando as medidas corretivas necessárias. Trata-se, portanto, de uma responsabilidade compartilhada.

7.3.2 Treinamento e educação ambiental

Os programas de treinamento e de educação ambiental são peças-chave no processo de gerenciamento, já que eles possibilitam a interação, a participação e a colaboração dos agentes envolvidos na obra/empresa. A educação ambiental no Brasil é regulada por política própria, estabelecida pela Lei Federal n° 9.795 (Brasil, 1999).

A educação ambiental é entendida como os processos contínuos e permanentes de aprendizagem, em todos os níveis e modalidades de ensino, em caráter formal e informal, por meio dos quais o indivíduo e a sociedade compartilham saberes, conceitos, valores socioculturais, atitudes, práticas, experiências e conhecimentos voltados ao exercício de uma cidadania comprometida com a preservação, a conservação, a recuperação e a melhoria do meio ambiente e da qualidade de vida, tendo em vista todas as espécies. Esse é o conceito da Política Estadual de Educação Ambiental do Paraná, estabelecida pela Lei n° 17.505 (Paraná, 2013).

Nota-se, portanto, que a educação ambiental possui caráter transversal, já que abrange trabalhadores de qualquer área da estrutura organizacional, tanto do ponto de vista de conteúdo quanto de modo de aplicação. Assim, tanto o trabalhador da construção civil como seus empregadores precisam concordar com essa política. Cumpre, portanto, aos empregadores criar um ambiente propício à disseminação dessa cultura ambiental, por meio de ações formais e informais, no cotidiano do profissional. Discutir sobre meio ambiente, sociedade e cultura deve ser parte da rotina do trabalhador da construção civil na medida em que há estreita relação de suas ações com o ambiente externo.

Portanto, a continuidade do processo de treinamento ambiental é fundamental. Embora ele deva ser feito com bastante intensidade nos primeiros momentos do processo de implantação de um sistema de gerenciamento, a regularidade, a periodicidade e a ratificação dos conceitos técnicos precisam sempre ser resgatadas. Assim, ações de curto e médio prazos devem ser implantadas visando a um resultado de longo prazo.

E é por isso que o setor da construção civil propõe muitos treinamentos durante os processos de admissão de funcionários, já que, além de instruções específicas voltadas à segurança do trabalho, devem ser passadas também instruções inerentes ao processo de gerenciamento dos resíduos de construção, no contexto da questão ambiental.

Mais que um treinamento, esses processos de instrução objetivam capacitar o funcionário a desenvolver melhor sua função. Há que se destacar que boa parte da mão de obra empregada no setor apresenta baixo nível de instrução formal (Hendriks; Nijkerk; Van Koppen, 2007; Nagalli; Nagalli, 2010), lacuna que deve ser preenchida durante este processo de treinamento. São bem-vindas as orientações específicas ao cargo/função que o colaborador irá desenvolver e sua relação com o processo de gerenciamento dos resíduos da construção civil.

Além disso, orientações voltadas à educação ambiental (ligadas ao lixo, esgotos, água, higiene pessoal, saúde etc.) e práticas voltadas ao bom convívio social (cumprimento do código de conduta da empresa) são também pertinentes. Alguns exemplos dessas práticas são citados a seguir:

- manter a obra limpa. Ao identificar lixo no local de trabalho, coletá-lo ou chamar o responsável para que o faça;
- não jogar lixo no chão (inclusive bitucas de cigarro);
- separar o lixo reciclável do orgânico, devendo cada um ser encaminhado a uma lixeira especial;
- utilizar o banheiro para efetuar as necessidades, sendo terminantemente proibido fazê-las em qualquer outro local;
- zelar pela segurança (do funcionário e dos colegas). Ficar atento à circulação de pessoas, máquinas e materiais na obra. Alertar aos demais de qualquer perigo;
- não ingerir bebida alcoólica nem antes nem durante o trabalho. O álcool pode tornar a pessoa agressiva e com reflexos lentos e causar acidentes de trabalho;
- não fumar;
- colaborar com seus colegas de trabalho;
- aceitar críticas e manter o bom humor;
- utilizar os equipamentos de segurança fornecidos (luvas, botas, coletes, capacetes, protetores auriculares etc.).

Ao mesmo tempo, podem ser desenvolvidos treinamentos, orientações e capacitação específicos aos trabalhadores conforme sua área de atuação. Durante essas atividades, podem ser transmitidas instruções acerca dos resíduos e desperdícios associados à sua atividade/função e modos de minimizar sua geração. Devem ser apresentadas também as práticas internas voltadas ao gerenciamento dos resíduos, locais de armazenamento etc.

Por exemplo, os carpinteiros podem ser orientados a remover pregos e pinos de restos e peças de madeira; os pedreiros, a recolher prontamente argamassas que possam ser reutilizadas; os gesseiros, a não contaminar tais resíduos com outros materiais, e assim por diante. Todos os trabalhadores que façam suas refeições na própria obra também devem receber treinamento específico para separação do lixo (resíduos orgânicos de recicláveis etc.).

Visando ao bom andamento dos trabalhos, os funcionários terceirizados também devem obedecer às normas de boa convivência com seus colegas de trabalho (sempre que possível, pode ser previsto contratualmente), devendo reportar-se ao engenheiro responsável pela obra ou à pessoa encarregada (mestre de obras, por exemplo). Eles podem ser ainda convidados a participar dos programas de educação ambiental, das palestras e das orientações pessoais e profissionais.

A periodicidade desses treinamentos pode ser bastante variável, pois dependerá do cronograma da obra, se os funcionários são realocados de outra obra da empresa ou se são funcionários recém-contratados etc. Recomenda-se um treinamento consistente já na admissão do funcionário, a título de apresentação das diretrizes da empresa, boas práticas, limitações etc., perfazendo um treinamento diário ou semanal.

A atualização dessas informações pode acontecer de duas maneiras: treinamentos de reciclagem ou palestras e informativos diários sobre segurança e meio ambiente, e podem ser estendidos para a área dos resíduos (veja Boxe 7.1). Essas práticas de atualização tem, em geral, menor duração (entre 15 min e 30 min).

Pode-se estudar a possibilidade de desenvolver tal programa de capacitação e treinamento em concomitância com os treinamentos relativos à segurança do trabalho e à qualidade ou ainda implantar um programa de compensação financeira como forma de motivação aos funcionários, repartindo parte dos lucros advindos da gestão correta dos resíduos. Nesse caso, esse montante pode ainda ser revertido no aprimoramento do próprio programa de gerenciamento. O desenvolvimento da capacitação voltada ao gerenciamento dos resíduos revela uma série de vantagens.

Prática comum nas obras que já implantaram Sistemas de Gestão Ambiental (SGA) ou de gerenciamento de resíduos é promover esses treinamentos de atualização profissional em dias chuvosos, em que não se pode trabalhar em ambientes externos.

Paralelamente, recomenda-se a utilização de materiais de divulgação e reforço afixados em murais, refeitórios, escritórios, copa, cozinha, ambulatórios etc. Esses materiais visam consolidar o processo de educação, reavivar sua importância, estimular a participação colaborativa e, quando aplicável, desestimular os maus hábitos. Para isso, podem ser utilizados cartazes e artigos jornalísticos

Boxe 7.1 **Exemplo de exercício de educação ambiental aplicável a trabalhadores da construção civil**

Diálogo diário de segurança
O lixo

Os resíduos sólidos urbanos, popularmente conhecidos como lixos, são responsáveis por um grande problema ambiental. Será que lixo é tudo aquilo que não serve mais? Isso é relativo, pois aquilo que não serve para um pode servir para outro. Separar latas de alumínio, plástico, papel e papelão é um ato de consciência ambiental. Por isso, respeite e ajude os catadores. Eles auxiliam na preservação do meio ambiente. O lixo reciclável recolhido pelos catadores deixa de ir para os rios, as matas, os bueiros etc. O lixo armazenado em local inadequado começa a se decompor gerando cheiros desagradáveis e um líquido escuro chamado chorume. O chorume é altamente poluidor. Destinar adequadamente o lixo evita a proliferação de ratos, baratas, moscas e outros vetores. O biogás gerado na decomposição do lixo é um dos principais responsáveis pelo efeito estufa, que tanto se ouve falar nos programas de televisão e rádio. Portanto, colabore com o planeta, ajude em sua casa e na obra ao separar o lixo reciclável. A natureza agradece.

Reflexão

Você separa o lixo em sua casa? O caminhão do lixo reciclável passa na porta da sua casa? O que podemos fazer para que isso aconteça?

que busquem trazer a realidade da questão ambiental para o cotidiano dos trabalhadores. Alguns exemplos são apresentados na Fig. 7.2:

Com o passar dos anos e o contínuo processo de educação e estímulo da consciência do trabalhador frente à sua atividade, espera-se que ele possa atuar como agente disseminador do conhecimento adquirido no ambiente de trabalho, em sua residência ou até mesmo junto à comunidade. A capacitação desses

Fig. 7.2 *Exemplos de cartazes utilizados no canteiro de obras, no contexto do programa de educação ambiental e do gerenciamento dos resíduos*

trabalhadores deve passar por processos empíricos de aprendizagem, orientação técnica individual e coletiva, além de ações de fiscalização e controle.

Diferentemente do ramo da construção civil pesada, em que grande parte da mão de obra é contratada exclusivamente para determinada obra, a construção civil leve (edificações) geralmente apresenta um quadro funcional permanente, com variação moderada. Dessa maneira, podem-se almejar treinamentos personalizados a indivíduos e equipes de modo a preencher lacunas de conhecimento e capacitação. Os reiterados treinamentos são significativos uma vez que apresentam comportamentos complementares e suplementares. Em oposição ao que ocorre na construção civil pesada (Nagalli, 2008), não há dispersão na disseminação do conhecimento, corroborando para um ambiente de trabalho mais produtivo e bem gerido.

Reconhecer no meio ambiente um importante aliado ao desenvolvimento da sociedade é o primeiro passo da etapa de conscientização ambiental do trabalhador, passando pela segurança do trabalho e saúde pública. A concepção do plano de capacitação (ou de treinamento), bem como sua implantação, requer comprometimento da alta hierarquia da construtora (ou incorporadora, ou empreendedora), uma vez que recursos humanos, financeiros e temporais são necessários ao bom desenvolvimento da tarefa. Assim, é importante que todos os envolvidos na obra participem dessa concepção.

Exercício

17 Estruturar um programa de treinamento e capacitação para um edifício residencial de 10.000 m², com 200 funcionários (40 administrativos), feito por uma construtora de médio porte e tendo o prazo de 24 meses.

7.4 Recursos financeiros

Os recursos financeiros alocados no processo de gerenciamento devem abranger despesas com aquisição de materiais e equipamentos, contratação de fornecedores, pagamento da equipe de gerenciamento, honorários de consultores e auditores, taxas ambientais, despesas com elaboração de relatórios e projetos e, eventualmente, multas. É muito comum verificar que a maioria das construtoras não está habituada a prever em seus orçamentos esses recursos alocados à gestão residual e nem o poder público contempla essas atividades em seus editais de licitação e muito menos medem (remuneram) tais serviços. Assim, é preciso prever a aquisição de lixeiras e contêineres para coleta seletiva, placas de sinalização etc. nos orçamentos dos empreendimentos. Da mesma maneira, é preciso prever projetos e relatórios requeridos pela legislação ou pelos órgãos de fiscalização ou de certificação, que podem representar custos significativos.

É sempre importante lembrar que as construtoras, em função da Lei Federal nº 9.605 (Brasil, 1998), devem estar especialmente atentas à questão da responsabilidade financeira compartilhada com seus fornecedores, por exemplo, os transportadores de resíduos. Em caso de violação da lei, ambos devem responder solidariamente. Assim, as responsabilidades de cada uma das partes devem estar bem delimitadas em contrato, além de documentos comprobatórios que ratifiquem o processo, evitando, assim, gastos desnecessários.

Exercício

18 Suponha que você seja funcionário da prefeitura de um município pequeno e o secretário lhe designa para elaborar um termo de referência para o projeto integrado de gerenciamento de resíduos da construção civil daquele município. Liste quais itens esse documento deve conter.

Considerações finais

O futuro do gerenciamento de resíduos

O mercado da construção civil brasileiro passa por velozes transformações. O aumento do crédito bancário, as possibilidades de financiamento e o maior acesso à informação permitem ao consumidor diversificar suas exigências, o que força as construtoras a se adaptarem rapidamente às demandas.

Em paralelo, o poder público legisla sobre diversas questões que impõem novos padrões de execução às construções. Normas de conforto térmico e ambiental, obrigatoriedade de sistemas de aproveitamento e reuso de águas pluviais e destinação adequada de resíduos da construção são alguns exemplos.

Nesse contexto, os fornecedores do mercado da construção são cada vez mais solicitados a também contribuir, não somente em termos de qualidade de produtos e serviços, como também no cumprimento dos requisitos e documentos legais. Pouco a pouco o setor se adapta, e onde antes imperava a clandestinidade e o descumprimento de regras, hoje estrutura-se de modo melhor. Todavia, essa realidade é restrita a alguns grandes centros urbanos, permanecendo inalterada na maior parte do País.

O principal exemplo na área dos resíduos da construção é, sem dúvida, a relação coletor-transportador de resíduos *versus* gerador-construtor-obra. Se, entre construtoras, predominava a ideia de que a responsabilidade sobre um resíduo se extinguia quando o caminhão levava a caçamba repleta de materiais diversos e dispostos sem qualquer critério, hoje elas percebem que rastrear e garantir o destino desses resíduos é uma questão de responsabilidade empresarial, social, ambiental, econômica e legal (atualmente denominada política ESG). Trabalhar com fornecedores licenciados e tecnicamente adequados passou a ser uma questão de segurança empresarial e uma maneira de garantir o retorno de seu investimento.

Por um lado, o transportador de resíduos que, antigamente, ocupava-se de conseguir um local para descartar o entulho rapidamente sem preocupação adicional, hoje em dia, ao firmar parcerias com áreas licenciadas para destino dos resíduos, estará em vantagem competitiva no mercado, uma vez que transportadores atuando nos modos antigos ainda persistem.

Por outro lado, a questão da destinação de resíduos precisa avançar. A prática de admitir, na ausência de procedimento e em favor da segurança, que determinado resíduo é perigoso (Classe C ou Classe D) e o enviar imediatamente a aterro industrial precisa ser revista. É necessário aprimorar os sistemas de destinação, de maneira que resíduos que hoje não são objeto de preocupação passem a sê-lo. Investir em pesquisa e desenvolvimento nessas áreas, portanto, é uma urgente necessidade.

Destaca-se então a questão dos resíduos Classe C, que atualmente não dispõem de técnica viável para reciclagem ou reaproveitamento. O que fazer então com lixas usadas, estopas e panos contaminados, pincéis de tinta etc.? A melhor opção seria lançá-los em um aterro por vários anos, já que não necessariamente esses materiais são biodegradáveis? Será que não há outras formas melhores de aproveitamento, inclusive energético? Tomando como base as atuais técnicas existentes, os custos de transporte e o volume de resíduos envolvidos tornam sua execução viável? É preciso focar nessas questões para um melhor gerenciamento de resíduos no futuro.

Outro ponto importante é fiscalizar as áreas clandestinas e punir os responsáveis. Pode-se dizer que pequenas obras e reformas constituem fontes difusas de poluição, razão pela qual, seu combate e prevenção são bastante dificultados, exigindo estruturação de programas que visem a suprir essas demandas. O Sinduscon (2005) estima que esse volume possa representar até 75% do total de resíduos gerados no ramo da construção civil. É preciso, portanto, investir mais em planejamento e políticas públicas nesse setor.

Do ponto de vista científico, também há muito que avançar. Yuan e Shen (2011) vislumbram algumas trilhas científicas para os resíduos da construção civil e de demolição (RCDs), apresentadas no Quadro 1.

Iniciativas recentes, por exemplo, das prefeituras municipais de São Paulo e de Curitiba, sinalizam a ampliação do uso de agregados fabricados a partir de entulho ao impor que obras públicas considerem esses materiais em suas construções, em determinados percentuais. Essa medida pode, de certo modo, consolidar o processo de uso desses materiais e permitir uma maior organização do setor. Vê-se uma oportunidade para aumentar o

Considerações finais | 195

Quadro 1 Rumos das pesquisas futuras na área de gestão de resíduos de construção e de demolição

Situação atual	Área de pesquisa	Rumos
· Quantidade de RCDs · Composição dos RCDs · Causas da geração de RCDs · Taxa de geração de RCDs	Geração de RCDs	· Investigação da quantidade de resíduos, especialmente em economias em desenvolvimento. · Análise comparativa de diferentes sistemas de gerenciamento com base em "taxas de geração" de RCDs.
· Diretrizes para a redução de resíduos em economias desenvolvidas · Modelagens quantitativas e qualitativas de processo de redução de resíduos · Análises custo-benefício da redução de resíduos	Redução de RCDs	· Criação de diretrizes para redução de resíduos em economias em desenvolvimento. · Implantação efetiva das estratégias identificadas de redução de resíduos.
· Iniciativas voltadas ao reaproveitamento de resíduos · Fatores que influenciam a eficiência do reaproveitamento de resíduos	Reaproveitamento de RCDs	· Melhora das práticas voltadas ao reaproveitamento de resíduos. · Aumento da eficiência do reaproveitamento de resíduos. · Análises de custo-benefício do reaproveitamento de resíduos.
· Iniciativas de reciclagem de resíduos · Análises de custo-benefício da reciclagem de RCDs · Contribuições da reciclagem de RCDs para o meio ambiente · Fatores que afetam a adoção de materiais recicláveis	Reciclagem de RCDs	· Aumento da competitividade dos materiais recicláveis. · Avaliação da efetividade da reciclagem de RCDs para a sustentabilidade.

Quadro 1 (continuação)

Situação atual	Área de pesquisa	Rumos
• Relatos de gestão de RCDs em diferentes economias • Efetividade econômica da gestão de resíduos • Esquemas de cobrança sobre RCDs • Modelagem de processos de gerenciamento de resíduos	Gestão de RCDs	• Efetividade ambiental e social da gestão de resíduos. • Implantação de taxas de tributação e cobrança que possibilitem conciliar os diferentes interesses entre os envolvidos. • Compreensão do processo de gerenciamento, considerando as inter-relações entre as diferentes atividades do processo.
• Percepção da necessidade de gestão de RCDs pelos agentes envolvidos • A influência das ações dos agentes envolvidos na gestão de RCDs	Fatores humanos na gestão de RCDs	• Investigação sobre como as percepções dos envolvidos influenciam suas atitudes frente à gestão de RCDs. • Pesquisa sobre melhores práticas dos envolvidos, por exemplo, por meio de programas de incentivo e treinamento.

Fonte: Yuan e Shen (2011).

consumo desses resíduos com a edição da nova versão da norma NBR 15116 (ABNT, 2021), que permite a incorporação de agregados reciclados na fabricação de concretos e argamassas para fins estruturais.

Na área do gerenciamento propriamente dito, a tendência é a informatização do processo de controle e fiscalização interna. A plataforma MTR-SINIR surge como importante catalizador desse processo. Somam-se a ela as crescentes iniciativas de aplicação da logística reversa de resíduos sólidos ao setor.

Outra tendência é o aprimoramento do processo de planejamento e de estimativa de resíduos. A literatura específica sugere que é possível, apesar de difícil, estabelecer alguns indicadores para cálculo estimativo de resíduos a partir de informações multidisciplinares das obras. Não se deve perder de vista que a predição de resíduos de construção não é um fim em si mesmo, mas um meio para que a correta gestão dos resíduos ocorra. Portanto, mais importante que o modelo preditor ser preciso é prover resultados que sirvam como instrumento de planejamento e conformidade técnico-legal das obras. Por esse motivo, vislumbra-se que os próximos modelos serão desenvolvidos com foco na gestão e integrados às ferramentas computacionais cujos usos vêm aumentando nos últimos anos, por exemplo, junto a modelos da informação da construção (BIM) e suas respectivas dimensões.

Junto à indispensável sustentabilidade ambiental das construções, acredita-se que o mercado e os órgãos acreditadores e reguladores imporão padrões mais elevados na hierarquia de gestão de resíduos, pela determinação de técnicas de recuperação de materiais e componentes das construções. Uma das formas de induzir esse processo é exigir a elaboração de projetos para desconstrução (PpD), não apenas para edificações no fim da vida útil, mas também para empreendimentos que ainda serão construídos. A engenharia civil já dispõe dos instrumentos necessários para que as informações das obras sejam elaboradas, armazenadas e utilizadas para o adequado planejamento das construções, reformas e desconstruções.

É necessário que os usuários ou os responsáveis pelos empreendimentos estejam comprometidos com a questão ao longo de toda a vida útil da edificação/empreendimento, atualizando a base de informações da construção a cada intervenção (reforma, por exemplo), para que, ao final da vida útil, a sua reabilitação/desconstrução possa ser adequadamente planejada e os seus materiais/resíduos possam ser devidamente reaproveitados/destinados. Há um vasto campo para o desenvolvimento de aplicativos e ferramentas computacionais que facilitem essa gestão. A sociedade brasileira insere-se nesse contexto, sendo importante antevermos e nos prepararmos para tais demandas.

Referências bibliográficas

ABNT – ASSOCIAÇÃO BRASILEIRA DE NORMAS TÉCNICAS. NBR 10004: Resíduos sólidos – Classificação. Rio de Janeiro, 2004a.

ABNT – ASSOCIAÇÃO BRASILEIRA DE NORMAS TÉCNICAS. NBR 10005: Procedimento para obtenção de extrato lixiviado de resíduos sólidos. Rio de Janeiro, 2004b.

ABNT – ASSOCIAÇÃO BRASILEIRA DE NORMAS TÉCNICAS. NBR 10006: Procedimento para obtenção de extrato solubilizado de resíduos sólidos. Rio de Janeiro, 2004c.

ABNT – ASSOCIAÇÃO BRASILEIRA DE NORMAS TÉCNICAS. NBR 10007: Amostragem de resíduos sólidos. Rio de Janeiro, 2004d.

ABNT – ASSOCIAÇÃO BRASILEIRA DE NORMAS TÉCNICAS. NBR 11174: Armazenamento de resíduos classes II – não inertes e III – inertes – Procedimento. Rio de Janeiro, 1990.

ABNT – ASSOCIAÇÃO BRASILEIRA DE NORMAS TÉCNICAS. NBR 12235: Armazenamento de resíduos sólidos perigosos – Procedimento. Rio de Janeiro, 1992.

ABNT – ASSOCIAÇÃO BRASILEIRA DE NORMAS TÉCNICAS. NBR 15112: Resíduos da construção civil e resíduos volumosos – Áreas de transbordo e triagem – Diretrizes para projeto, implantação e operação. Rio de Janeiro, 2004e.

ABNT – ASSOCIAÇÃO BRASILEIRA DE NORMAS TÉCNICAS. NBR 15114: Resíduos sólidos da construção civil – Áreas de reciclagem – Diretrizes para projeto, implantação e operação. Rio de Janeiro, 2004f.

ABNT – ASSOCIAÇÃO BRASILEIRA DE NORMAS TÉCNICAS. NBR 15116: Agregados reciclados para uso em argamassas e concretos de cimento Portland – requisitos e métodos de ensaios. Rio de Janeiro, 2021.

ABNT – ASSOCIAÇÃO BRASILEIRA DE NORMAS TÉCNICAS. NBR ISO 9001: Sistemas de gestão da qualidade – Requisitos. Versão corrigida. Rio de Janeiro, 2009.

ABNT – ASSOCIAÇÃO BRASILEIRA DE NORMAS TÉCNICAS. NBR ISO 14001: Sistemas da gestão ambiental – Requisitos com orientações para uso. Rio de Janeiro, 2004g.

ABNT – ASSOCIAÇÃO BRASILEIRA DE NORMAS TÉCNICAS. NBR ISO 16001: Máquinas rodoviárias – Sistemas de detecção de perigo e auxílios visuais – Ensaios e requisitos de desempenho. Rio de Janeiro, 2010.

ABRELPE – ASSOCIAÇÃO BRASILEIRA DE EMPRESAS DE LIMPEZA PÚBLICA E RESÍDUOS ESPECIAIS. *Panorama dos resíduos sólidos no Brasil*. São Paulo, 2021.

AKINADE, O. O. et al. Design for Deconstruction (DfD): Critical success factors for diverting end-of-life waste from landfills. *Waste Management*, v. 60, p. 3-13, 2017.

ALONSO, U. Reciclagem de lama bentonítica. *Fundações & obras geotécnicas*, São Paulo, v. 1, p. 58-60, 2010.

AMOR, L. L. V. *Modelo para estimar a geração de resíduo de madeira de uso provisório em obras de edifícios verticais*. Dissertação (Mestrado) – Unisinos, São Leopoldo, 2017.

ANGULO, S. C.; TEIXEIRA, C. E.; DE CASTRO, A. L.; NOGUEIRA, T. P. Resíduos de construção e demolição: avaliação de métodos de quantificação. *Engenharia Sanitária e Ambiental*, v. 16, n. 3, p. 299-306, jul./set. 2011.

ANSARI, M.; EHRAMPOUSH, M. H. Quantitative and qualitative analysis of construction and demolition waste in Yazd city, Iran. *Data in Brief*, v. 21, p. 2622-2626, 2018.

ARAUJO, A. F. *A aplicação da metodologia de produção mais limpa: estudo em uma empresa do setor de construção civil*. Dissertação (Mestrado) – Universidade Federal de Santa Catarina, Florianópolis, 2002.

ARTEN, P. L. R. *Classificação e destinação de equipamentos de proteção individual usados no setor da construção civil*. Monografia (Especialização em Engenharia de Segurança do Trabalho) – Universidade Tecnológica Federal do Paraná, Curitiba, 2013.

BÁEZ, A. G.; SÁEZ, P. V.; MERINO, M. R.; NAVARRO, J. G. Methodology for quantification of waste generated in Spanish railway construction works. *Waste Management*, v. 32, p. 920-924, 2012.

BAKSHAN, A.; SROUR, I.; CHEHAB, G.; EL-FADEL, M. A field based methodology for estimating waste generation rates at various stages of construction projects. *Resources, Conservation and Recycling*, v. 100, p. 70-80, 2015.

BANIAS, G.; ACHILLAS, C. H.; VLACHOKOSTAS, C. H.; MOUSSIOPOULOS, N.; PAPAIOANNOU, I. A web-based decision support system for the optimal management of construction and demolition waste. *Waste Management*, v. 31, n. 11, p. 2497-2502, 2011.

BARROS, B. P.; HOCHLEITNER, H. D. *Criação de um plug-in aliado a tecnologia BIM para quantificação de resíduos de construção em uma habitação unifamiliar*. Trabalho de Conclusão de Curso – UTFPR, Curitiba, 2017.

BERTOL, A. C.; RAFFLER, A.; DOS SANTOS, J. P. *Análise da correlação entre a geração de resíduos da construção civil e as características das obras*. Trabalho de Conclusão de Curso (Engenharia de Produção Civil) – Universidade Tecnológica Federal do Paraná, Curitiba, 2013.

BIDER, W. L. *Bureau of Waste Management Policy 10-02*. Kansas: Kansas Department of Health and Environment, 2010.

BÓSNIA E HERZEGOVINA. *Waste weight determination*. MD 42. Methodological document. Sarajevo: Agency for Statistics of Bosnia and Herzegovina, 2015.

BRANZ. *Convert waste volume to weight*. [s.d.]. Disponível em: <https://www.branz.co.nz/sustainable-building/reducing-building-waste/assessing-waste/volume-weight/>. Acesso em: 2 dez. 2020.

BRASIL. Constituição da República Federativa do Brasil de 1988. Brasília, 1988.

BRASIL. Decreto Federal n° 6.514, de 22 de julho de 2008. Dispõe sobre as infrações e sanções administrativas ao meio ambiente, estabelece o processo administrativo federal para apuração destas infrações, e dá outras providências. Brasília, 2008.

BRASIL. Lei Federal n° 6.938, de 31 de agosto de 1981. Dispõe sobre a Política Nacional do Meio Ambiente, seus fins e mecanismos de formulação e aplicação, e dá outras providências. *Diário Oficial da União*, Brasília, 2 set. 1981.

BRASIL. Lei Federal n° 7.735, de 22 de fevereiro de 1989. Dispõe sobre a extinção de órgão e de entidade autárquica, cria o Instituto Brasileiro do Meio Ambiente e dos Recursos Naturais Renováveis e dá outras providências. *Diário Oficial da União*, Brasília, 23 fev. 1989a.

BRASIL. Lei Federal n° 7.804, de 18 de julho de 1989. Altera a Lei n° 6.938, de 31 de agosto de 1981, que dispõe sobre a Política Nacional do Meio Ambiente, seus fins e mecanismos de formulação e aplicação, a Lei n° 7.735, de 22 de fevereiro de 1989, a Lei n° 6.803, de 2 de julho de 1980, e dá outras providências. *Diário Oficial da União*, Brasília, 20 jul. 1989b.

BRASIL. Lei Federal n° 8.028, de 12 de abril de 1990. Dispõe sobre a organização da Presidência da República e dos Ministérios, e dá outras providências. *Diário Oficial da União*, Brasília, 13 abr. 1990.

BRASIL. Lei Federal n° 9.433, de 8 de janeiro de 1997. Institui a Política Nacional de Recursos Hídricos, cria o Sistema Nacional de Gerenciamento de Recursos Hídricos, regulamenta o inciso XIX do art. 21 da Constituição Federal, e altera o art. 1° da Lei n° 8.001, de 13 de março de 1990, que modificou a Lei n° 7.990, de 28 de dezembro de 1989. *Diário Oficial da União*, Brasília, 9 jan. 1997.

BRASIL. Lei Federal n° 9.605, de 12 de fevereiro de 1998. Dispõe sobre as sanções penais e administrativas derivadas de condutas e atividades lesivas ao meio ambiente, e dá outras providências. *Diário Oficial da União*, Brasília, 13 fev. 1998.

BRASIL. Lei Federal n° 9.795, de 27 de abril de 1999. Dispõe sobre a educação ambiental, institui a Política Nacional de Educação Ambiental e dá outras providências. *Diário Oficial da União*, Brasília, 28 abr. 1999.

BRASIL. Lei Federal n° 11.445, de 5 de janeiro de 2007. Estabelece diretrizes nacionais para o saneamento básico; altera as Leis nos 6.766, de 19 de dezembro de 1979, 8.036, de 11 de maio de 1990, 8.666, de 21 de junho de 1993, 8.987, de 13 de fevereiro de 1995; revoga a Lei n° 6.528, de 11 de maio de 1978; e dá outras providências. *Diário Oficial da União*, Brasília, 8 jan. 2007a.

BRASIL. Lei Federal n° 11.516, de 28 de agosto de 2007. Dispõe sobre a criação do Instituto Chico Mendes de Conservação da Biodiversidade – Instituto Chico Mendes; altera as Leis nos 7.735, de 22 de fevereiro de 1989, 11.284, de 2 de março de 2006, 9.985, de 18 de julho de 2000, 10.410, de 11 de janeiro de 2002, 11.156, de 29 de julho de 2005, 11.357, de 19 de outubro de 2006, e 7.957, de 20 de dezembro de 1989; revoga dispositivos da Lei no 8.028, de 12 de abril de 1990, e da Medida Provisória no 2.216-37, de 31 de agosto de 2001; e dá outras providências. *Diário Oficial da União*, Brasília, 28 ago. 2007b.

BRASIL. Lei Federal nº 12.305, de 2 de agosto de 2010. Institui a Política Nacional de Resíduos Sólidos; altera a Lei nº 9.605, de 12 de fevereiro de 1998; e dá outras providências. Brasília, 2010.

BRASIL. Lei Federal nº 12.651, de 25 de maio de 2012. Dispõe sobre a proteção da vegetação nativa; altera as Leis nos 6.938, de 31 de agosto de 1981, 9.393, de 19 de dezembro de 1996, e 11.428, de 22 de dezembro de 2006; revoga as Leis nos 4.771, de 15 de setembro de 1965, e 7.754, de 14 de abril de 1989, e a Medida Provisória nº 2.166-67, de 24 de agosto de 2001; e dá outras providências. *Diário Oficial da União*, Brasília, 28 maio 2012a.

BRASIL. Ministério do Meio Ambiente. *Plano Nacional de Resíduos Sólidos*. Brasília, 2012b. Disponível em: <http://www.cidadessustentaveis.org.br/sites/default/files/arquivos/plano_nacional_de_residuos_solidos_0.pdf>. Acesso em: 15 abr. 2013.

CAETANO, M. O.; FAGUNDES, A. B.; GOMES, L. P. Modelo de regressão linear para estimativa de geração de RCD em obras de alvenaria estrutural. *Ambiente Construído*, Porto Alegre, v. 18, n. 2, p. 309-324, 2018.

CARVAJAL SALINAS, E.; RAMÍREZ DE ARELLANO AGUDO, A.; RODRÍGUEZ CAYUELA, J. M. *Clasificación sistemática*. Sevilla: Fundación Codificación y Banco de Precios de la Construcción (FCBPC), 1984.

CHEN, X.; LU, W. Identifying factors influencing demolition waste generation in Hong Kong. *Journal of Cleaner Production*, v. 141, p. 799-811, 2017.

CHENG, J. C. P.; MA, L. Y. H. A BIM-based system for demolition and renovation waste estimation and planning. *Waste Management*, v. 33, p. 1539-1551, 2013.

CHUNG, S.; LO, C. W. H. Evaluating sustainability in waste management: the case of construction and demolition, chemical and clinical wastes in Hong Kong. *Resources, Conservation and Recycling*, v. 37, n. 2, p. 119-145, 2003.

COELHO, A.; BRITO, J. de. Quantificação, composição e indicadores de geração de resíduos de construção e demolição. *Construção Magazine*, Porto, n. 52, p. 26-30, 4º trim. 2012.

CONAMA – CONSELHO NACIONAL DO MEIO AMBIENTE. Resolução Conama nº 1, de 23 de janeiro de 1986. Dispõe sobre critérios básicos e diretrizes gerais para a avaliação de impacto ambiental. *Diário Oficial da União*, Brasília, seção 1, p. 2548-2549, 17 fev. 1986.

CONAMA – CONSELHO NACIONAL DO MEIO AMBIENTE. Resolução Conama nº 275, de 25 de abril de 2001. Estabelece o código de cores para os diferentes tipos de resíduos, a ser adotado na identificação de coletores e transportadores, bem como nas campanhas informativas para a coleta seletiva. *Diário Oficial da União*, Brasília, n. 117-E, seção 1, p. 80, 19 jun. 2001a.

CONAMA – CONSELHO NACIONAL DO MEIO AMBIENTE. Resolução Conama nº 283, de 12 de julho de 2001. Dispõe sobre o tratamento e a destinação final dos resíduos dos serviços de saúde. *Diário Oficial da União*, Brasília, 1º out. 2001b.

CONAMA – CONSELHO NACIONAL DO MEIO AMBIENTE. Resolução Conama n° 307, de 5 de julho de 2002. Estabelece diretrizes, critérios e procedimentos para a gestão dos resíduos da construção civil. *Diário Oficial da União*, Brasília, n. 136, p. 95-96, 17 jul. 2002.

CONAMA – CONSELHO NACIONAL DO MEIO AMBIENTE. Resolução Conama n° 348, de 16 de agosto de 2004. Altera a Resolução Conama n° 307, de 5 de julho de 2002, incluindo o amianto na classe de resíduos perigosos. *Diário Oficial da União*, Brasília, n. 158, seção 1, p. 70, 17 ago. 2004.

CONAMA – CONSELHO NACIONAL DO MEIO AMBIENTE. Resolução Conama n° 358, de 29 de abril de 2005. Dispõe sobre o tratamento e a disposição final dos resíduos dos serviços de saúde. *Diário Oficial da União*, Brasília, 4 mai. 2005.

CONAMA – CONSELHO NACIONAL DO MEIO AMBIENTE. Resolução Conama n° 431, de 24 de maio de 2011. Altera o art. 3° da Resolução n° 307, de 5 de julho de 2002, do Conselho Nacional do Meio Ambiente, estabelecendo nova classificação para o gesso. *Diário Oficial da União*, Brasília, n. 99, p. 123, 25 maio 2011.

CONAMA – CONSELHO NACIONAL DO MEIO AMBIENTE. Resolução Conama n° 448, de 18 de janeiro de 2012. Altera os arts. 2°, 4°, 5°, 6°, 8°, 9°, 10 e 11 da Resolução n° 307, de 5 de julho de 2002, do Conselho Nacional do Meio Ambiente. *Diário Oficial da União*, Brasília, n. 14, p. 76, 19 jan. 2012.

CONAMA – CONSELHO NACIONAL DO MEIO AMBIENTE. Resolução Conama n° 469, de 29 de julho de 2015. Altera a Resolução CONAMA n° 307, de 05 de julho de 2002, que estabelece diretrizes, critérios e procedimentos para a gestão dos resíduos da construção civil. *Diário Oficial da União*, Brasília, 29 jul. 2015.

CONSEJERÍA DE VIVIENDA Y ORDENACIÓN DEL TERRITORIO DE LA JUNTA DE ANDALUCÍA. *Base de costes de la construcción de Andalucía 2008*. Sevilla, 2008. Disponível em: <http://www.juntadeandalucia.es/viviendayordenaciondelterritorio/www/jsp/estatica.jsp?pma=0&pmsa=0&e=planificacion/publicaciones/banco_precios_construccion/bcca08rev2b/bcca08rev2b.html>.

CONSTRUÇÃO é responsável por quase metade do lixo. *Jornal Gazeta do Povo*, 14 de abril de 2010. Disponível em: <http://www.gazetadopovo.com.br/vidaecidadania/conteudo.phtml?tl=1&id=992638&tit=Construcao-e-responsavel-por-quase-metade-do-lixo>. Acesso em: 16 out. 2013.

CURITIBA. Prefeitura Municipal. Lei Municipal n° 7.972, de 24 de junho de 1992. Dispõe sobre o transporte de resíduos e dá outras providências. Curitiba, 1992.

CURITIBA. Prefeitura Municipal. Decreto Municipal n° 1.120, de 24 de novembro de 1997. Regulamenta o transporte e disposição de resíduos de construção civil, e dá outras providências. Curitiba, 1997.

CURITIBA. Prefeitura Municipal. Decreto Municipal n° 983, de 26 de outubro de 2004. Regulamenta os Arts. 12, 21 e 22 da Lei n° 7.833, de 19 de dezembro de 1991, dispondo sobre a coleta, o transporte, o tratamento e a disposição final de resíduos sólidos no Município de Curitiba. Curitiba, 2004a.

CURITIBA. Prefeitura Municipal. Decreto Municipal n° 1.068, de 18 de novembro de 2004. Institui o regulamento do plano integrado de gerenciamento de resíduos da construção civil do Município de Curitiba e altera disposições do Decreto nº 1.120/97. Curitiba, 2004b.

CURITIBA. Prefeitura Municipal. Termo de referência para elaboração do Projeto de Gerenciamento de Resíduos da Construção Civil (PGRCC). Curitiba, 2006.

CURITIBA. Prefeitura Municipal. Decreto Municipal nº 852, de 15 de agosto de 2007. Dispõe sobre a obrigatoriedade da utilização de agregados reciclados, oriundos de resíduos sólidos da construção civil classe A, em obras e serviços de pavimentação das vias públicas, contratadas pelo município de Curitiba. Curitiba, 2007.

CURITIBA. Prefeitura Municipal. Portaria Municipal nº 007, de 4 de março de 2008. Institui o Relatório de Gerenciamento de Resíduos da Construção Civil e dá outras providências. *Diário Oficial do Município*, n. 19, 11 mar. 2008a.

CURITIBA. Prefeitura Municipal. Decreto Municipal nº 609, de 2 de julho de 2008. Regulamenta o modelo do Manifesto de Transporte de Resíduos e dá outras providências. *Diário Oficial do Município*, n. 50, 8 jul. 2008b.

DIAS, M. F. *Modelo para estimar a geração de resíduos na produção de obras residenciais verticais*. Dissertação (Mestrado) – Unisinos, 2013.

ERZINGER, L. K. *Avaliação do potencial de recuperação de uma edificação com vistas à sustentabilidade*. 2019. 49 f. Monografia (Especialização em Construções Sustentáveis) – UTFPR, Curitiba, 2019.

FADIYA, O. O.; GEORGAKIS, P.; CHINYIO, E. Quantitative Analysis of the Sources of Construction Waste. *Journal of Construction Engineering*, 2014.

FERREIRA, C. I. S. *Resíduos de construção e demolição: índices de produção*. Mestrado (Ciências e Tecnologia do Ambiente) – Especialização em Tecnologias de Remediação Ambiental, Departamento de Geociências, Ambiente e Ordenamento do Território, Universidade do Porto, Porto, 2013.

GERALDO FILHO, P. R.; BACH, N.; SIQUEIRA, P. K. M. S.; KASPRISIN, L. F.; NAGALLI, A. Densidade aparente média de resíduos sólidos coletados em uma obra portuária. In: SIMPÓSIO SOBRE RESÍDUOS SÓLIDOS, 6., São Carlos, 2019.

GONZALEZ, E. F. *Aplicando 5S na construção civil*. 2. ed. Florianópolis: Editora da UFSC, 2009.

GUERRA, B. C.; BAKCHAN, A.; LEITE, F.; FAUST, K. M. BIM-based automated construction waste estimation algorithms: the case of concrete and drywall waste streams. *Waste Management*, v. 87, p. 825-832, 2019.

HENDRIKS, C. F.; NIJKERK, A. A.; VAN KOPPEN, A. E. *O ciclo da construção*. Brasília: Editora Universidade de Brasília, 2007.

HERNANDES, R.; VILAR, O. M. Utilização de resíduo de construção e demolição nas obras de ampliação e rebaixamento da calha do Rio Tietê. In: SIMPÓSIO BRASILEIRO DE JOVENS GEOTÉCNICOS, 1., 2004, São Carlos. 2004. CD-ROM.

IBAMA – INSTITUTO BRASILEIRO DO MEIO AMBIENTE E DOS RECURSOS NATURAIS RENOVÁVEIS. Instrução Normativa nº 13, de 18 de dezembro de 2012. *Diário Oficial da União*, Brasília, n. 245, seção 1, p. 200-207, 20 dez. 2012.

ÍNDIA. *Toolkit on construction & demolition waste management rules – 2016*. Governo da Índia, 2017.

ISHIGAKI, T.; HAN, H. N.; KUBOTA, R.; YAMADA, M.; TON, K. T.; GIANG, N. H.; KAWAMOTO, K. Basic study on waste generation in construction and demolition sites in Hanoi. In: ANNUAL CONFERENCE OF JSMCWM, 30., Sendai, 2019.

JAILON, L.; POON, C. S.; CHIANG, Y. H. Quantifying the waste reduction potential of using prefabrication in building construction in Hong Kong. *Waste Management*, v. 29, p. 309-320, 2009.

JOINVILLE (Prefeitura). *Catálogo de referência de serviços e custos*: construções de obras públicas. Prefeitura Municipal de Joinville, dez. 2015. v. 2. Disponível em: <https://www.joinville.sc.gov.br/wp-content/uploads/2016/06/Catálogo-de-referência-de-serviços-e-custos-para-construções-de-obras-públicas-Vol.-II-25ª-edição-Dezembro-2015.pdf>. Acesso em: 2 dez. 2020.

KARTAM, N.; AL-MUTAIRI, N.; AL-GHUSAIN, I.; AL-HUMOUD, J. Environmental management of construction and demolition waste in Kuwait. *Waste Management*, v. 24, n. 10, p. 1049-1059, 2004.

KATZ, A.; BAUM, H. A novel methodology to estimate the evolution of construction waste in construction sites. *Waste Management*, v. 31, p. 353-358, 2011.

KERN, A. P. et al. Waste generated in high-rise buildings construction: a quantification model based on statistical multiple regression. *Waste Management*, v. 39, p. 35-44, 2015.

KOFOWOROLA, O. F.; GHEEWALA, S. H. Estimation of construction waste generation and management in Thailand. *Waste Management*, v. 29, n. 2, p. 731-738, 2009.

LAU, H. H.; WHYTE, A.; LAW, P. L. Composition and characteristics of construction waste generated by residential housing project. *Int. J. Environ. Res*, v. 2, n. 3, p. 261-268, 2008.

LE SERNA, H. A.; REZENDE, M. M. *Agregados para a construção civil*. DNPM, 2009. Disponível em: <http://anepac.org.br/wp/wp-content/uploads/2011/07/DNPM2009.pdf>. Acesso em: 31 jul. 2013.

LEVY, S. *Reciclagem do entulho de construção civil para utilização como agregado de argamassas e concretos*. 1997. Dissertação (Mestrado) – Escola Politécnica da Universidade de São Paulo, São Paulo, 1997. p. 143.

LI, Y.; ZHANG, X. Web-based construction waste estimation system for building construction projects. *Automation in Construction*, v. 35, p. 142-156, 2013.

LI, Y.; ZHANG, X.; DING, G.; FENG, Z. Developing a quantitative construction waste estimation model for building construction projects. *Resources, Conservation and Recycling*, v. 106, p. 9-20, 2016.

LIMA, R. S.; LIMA, R. R. R. *Guia para elaboração de projetos de gerenciamento de resíduos da construção civil*. Curitiba, 2009. (Série de publicações temáticas do Crea-PR).

LIU, Z.; OSMANI, M.; DEMIAN, P.; BALDWIN, A. A BIM-aided construction waste minimization framework. *Automation in Construction*, v. 59, p. 1-23, 2015.

LLATAS, C. A model for quantifying construction waste in projects according to the European waste list. *Waste Management*, v. 31, p. 1261-1276, 2011.

LOPES, F. P.; PEREIRA, P. M.; HAMAYA, R. M. *Análise de contaminação em resíduos de madeira na construção civil*. Trabalho de Conclusão de Curso (Graduação em Engenharia de Produção Civil) – UTFPR, Curitiba, 2013.

LOVATO, P. S.; POSSAN, E.; DAL MOLIN, D. C. C.; MASUERO, A. B.; RIBEIRO, J. L. D. Modeling of mechanical properties and durability of recycled aggregate concretes. *Construction and Building Materials*, v. 26, p. 437-447, 2012.

LOWEN, E. M. *Diretrizes para fiscalização de pequenos geradores de resíduos de construção civil*. Trabalho de Conclusão de Curso – UTFPR, Curitiba, 2019.

LOWEN, E. M.; NAGALLI, A. Pequenos geradores de resíduos da construção civil: prefeituras municipais e a disponibilização de informações. *Revista Brasileira de Gestão Ambiental e Sustentabilidade*, v. 7, n. 15, p. 43-50, 2020.

LU, W.; YUAN, H.; LI, J. U.; HAO, J. J. L.; MI, X.; DING, Z. An empirical investigation of construction and demolition waste generation rates in Shenzhen city, South China. *Waste Management*, v. 31, p. 680-687, 2011.

MACEDO, T. F.; LAFAYETTE, K. P. V.; GUSMÃO, A. D.; SUKAR, S. F. Reaproveitamento de agregados reciclados de RCD para utilização em obras geotécnicas. In: V ENCONTRO NACIONAL E III ENCONTRO LATINO-AMERICANO SOBRE EDIFICAÇÕES E COMUNIDADES SUSTENTÁVEIS, Recife, 2009.

MATTOS, A. D. *Como preparar orçamentos de obras*. São Paulo: Pini, 2006.

MATTOS, A. D. *Como preparar orçamentos de obras*. 3. ed. São Paulo: Oficina de Textos, 2019.

MERCADER-MOYANO, P.; RAMÍREZ-DE-ARELLANO-AGUDO, A. Selective classification and quantification model of C&D waste from material resources consumed in residential building construction. *Waste Management & Research*, 2013.

MORALES, G.; MENDES, T.; ANGULO, S. C. Índices de geração de RCD provenientes de obras de construção, reforma e demolição na cidade de Londrina/PR. In: CONGRESSO INTERNACIONAL NA RECUPERAÇÃO, MANUTENÇÃO E RESTAURAÇÃO DE EDIFICAÇÕES, 2., 2006, Rio de Janeiro. Anais... (CD-ROM). Rio de Janeiro, 2006. v. 1.

NAGALLI, A. *Gerenciamento de resíduos sólidos na construção civil*. 1. ed. São Paulo: Oficina de Textos, 2014.

NAGALLI, A. Proposta metodológica para educação ambiental de trabalhadores da construção civil pesada. In: SIMPÓSIO BRASILEIRO DE ENGENHARIA AMBIENTAL, 6., 2008, Serra Negra. Anais... 2008.

NAGALLI, A. Quantitative method for estimating construction waste generation. *The Electronic Journal of Geotechnical Engineering*, v. 17, p. 1157-1162, 2012.

NAGALLI, A. The sustainability of Brazilian construction and demolition waste management system. *The Electronic Journal of Geotechnical Engineering*, v. 18, p. 1755-1759, 2013.

NAGALLI, A.; CARVALHO, K. Q. Model for estimating construction waste generation in masonry building. *Proceedings of the Institution of Civil Engineers – Waste and Resource Management*, 2018.

NAGALLI, A.; NAGALLI, B. Impactos ambientais associados ao quotidiano de uma obra de engenharia geotécnica. In: SIMPÓSIO DE PRÁTICA DE ENGENHARIA GEOTÉCNICA NA REGIÃO SUL (GEOSUL), 7., 2010, Foz do Iguaçu. Anais... 2010. p. 164-168.

NAGALLI, A.; GERALDO FILHO, P. R.; BACH, N. S. Densidade aparente média de resíduos sólidos coletados em uma obra portuária. *Meio ambiente e sustentabilidade*, v. 9, n. 19, 2020.

NAGALLI, A.; LOPES, F. P.; PEREIRA, P. M.; HAMAYA, R. M. Resíduos de madeira na construção: oportunidade ou perigo? *Techne*: Revista de Tecnologia da Construção, São Paulo, v. 196, p. 56-58, 2013.

NASCIMENTO, B. M. O. *Modelo para estimativa de geração de resíduos de construção civil em obras verticais novas através de regressão linear múltipla*. Dissertação (Mestrado) – Instituto de Tecnologia, UFPA, Belém, 2018.

NUNES, K. R. A.; MAHLER, C. F.; VALLE, R.; NEVES, C. Evaluation of investments in recycling centres for construction and demolition wastes in Brazilian municipalities. *Waste Management*, v. 27, p. 1531-1540, 2007.

OLIVEIRA, L. O. S. *Proposta de índice de geração de resíduo na execução de instalações elétricas embutidas em alvenaria*. 2018. 126 f. Dissertação (Mestrado em Engenharia Civil) – UTFPR, Curitiba, 2018.

PARANÁ (Estado). Lei Estadual nº 12.493, de 22 de janeiro de 1999. Estabelece princípios, procedimentos, normas e critérios referentes a geração, acondicionamento, armazenamento, coleta, transporte, tratamento e destinação final dos resíduos sólidos no Estado do Paraná, visando controle da poluição, da contaminação e a minimização de seus impactos ambientais e adota outras providências. *Diário Oficial*, n. 5.430, 5 fev. 1999.

PARANÁ (Estado). Lei Estadual nº 17.321, de 25 de setembro de 2012. Estabelece que o certificado de conclusão expedido pelo órgão competente fica condicionado à comprovação de que os resíduos (entulhos) remanescentes do processo construtivo tenham sido recolhidos e depositados em conformidade com as exigências da legislação aplicável à espécie e dá outras providências. Paraná, 2012.

PARANÁ (Estado). Lei Estadual nº 17.505, de 11 de janeiro de 2013. Institui a Política Estadual de Educação Ambiental e o Sistema de Educação Ambiental e adota outras providências. *Diário Oficial*, n. 8.875, 11 jan. 2013.

PINTO, T. P. Reaproveitamento de resíduos da construção. *Revista Projeto*, São Paulo, n. 98, p. 137-138, 1987.

POON, C. S.; YU, A. T. W.; NG, L. H. On-site sorting of construction and demolition waste in Hong Kong. *Resources, Conservation and Recycling*, v. 32, p. 157-172, Jan. 2001.

POSTAY, R.; KERN, A. P.; MANCIO, M.; GONZÁLEZ, M. A. S. Relação entre compacidade do projeto e consumo de materiais em EHIS. In: SIMPÓSIO BRASILEIRO DE QUALIDADE DO PROJETO NO AMBIENTE CONSTRUÍDO, 4. Anais... Viçosa: UFV, 2015.

PROJETO COMPETIR; SENAI; SEBRAE; GTZ. *Gestão de resíduos na construção civil*: redução, reutilização e reciclagem. [s.d.].

RECIFE (Prefeitura). *Diretrizes para elaboração do plano de gerenciamento de resíduos da construção civil* (PGRCC). EMLURB. Prefeitura Municipal de Recife, 2019. Disponível em: <http://www2.recife.pe.gov.br/wp-content/uploads/DIRETRIZES-PGRCC.pdf>. Acesso em: 27 nov. 2019.

ROCHA, C. G. *Proposição de diretrizes para ampliação do reuso de componentes de edificações*. Dissertação – Programa de Pós-Graduação em Engenharia Civil, UFRGS, Porto Alegre, 2008.

SÁEZ, P. V.; PORRAS-AMORES, C.; MERINO, M. R. New quantification proposal for construction waste generation in new residential constructions. *Journal of Cleaner Production*, v. 102, p. 58-65, 2015.

SÁEZ, P. V.; MERINO, M. R.; PORRAS-AMORES, C.; GONZÁLEZ, A. S. Assessing the accumulation of construction waste generation during residential building construction works. *Resources, Conservation and Recycling*, v. 93, p. 67-74, 2014.

SÃO PAULO. *Decreto Municipal nº 48.251, de 4 de abril de 2007*. São Paulo, 2007.

SILVA, A. F. F. *Gerenciamento de resíduos da construção civil de acordo com a Resolução Conama nº 307/02*: estudo de caso para um conjunto de obras de pequeno porte. Dissertação – UFMG, Belo Horizonte, 2007.

SILVA, M. C.; SANTOS, G. O. Densidade aparente dos resíduos sólidos recém coletados. In: CONGRESSO NORTE-NORDESTE DE PESQUISA E INOVAÇÃO, 5. Anais... Maceió, 2010.

SILVA, R. C. *Potencial de recuperação de materiais e componentes de edificações*: análise crítica em um processo de reabilitação. 2020. 205 f. Tese (Doutorado) – Programa de Pós-Graduação em Engenharia Civil, UTFPR, Curitiba, 2020.

SILVA, R. C.; NAGALLI, A. Avaliação do potencial de recuperação de materiais e componentes provenientes da desconstrução de edifícios. In: SIMPÓSIO ÍTALO-BRASILEIRO DE ENGENHARIA SANITÁRIA E AMBIENTAL (SIBESA), 14., Foz do Iguaçu, 2018.

SILVA, R. C.; NAGALLI, A.; COUTO, J. P. A desconstrução como estratégia para recuperação de materiais e componentes da edificação. In: ENCONTRO NACIONAL DE TECNOLOGIA DO AMBIENTE CONSTRUÍDO, 17., Porto Alegre, 2018.

SINDUSCON. *Gestão ambiental de resíduos da construção civil*: a experiência do Sinduscon-SP. São Paulo, 2005.

SOLÍS-GUZMÁN, J.; MARRERO, M.; MONTES-DELGADO, M. V.; RAMÍREZ-DE-ARELLANO, A. A Spanish model for quantification and management of construction waste. *Waste Management*, v. 29, p. 2542-2548, 2009.

SONG, Y.; WANG, Y.; LIU, F.; ZHANG, Y. Development of a hybrid model to predict construction and demolition waste: China as a case study. *Waste Management*, v. 59, p. 350-361, 2017.

TOZZI, R. F. *Estudo da influência do gerenciamento na geração de resíduos da construção civil (RCC)*: estudo de caso de duas obras em Curitiba-PR. Dissertação (Mestrado) – Universidade Federal do Paraná, Curitiba, 2006.

VASCONCELOS, K. B.; LEMOS, C. F. Densidade aparente dos resíduos da construção civil em Belo Horizonte – MG. In: CONGRESSO BRASILEIRO DE GESTÃO AMBIENTAL, IBEAS, 6., Porto Alegre, 2015.

WANG, J. Y.; TOURAN, A.; CHRISTOFOROU, C.; FADLALLA, H. A systems analysis tool for construction and demolition wastes management. *Waste Management*, v. 24, n. 10, p. 989-997, 2004.

WASTECAP RESOURCE SOLUTIONS. *Construction and demolition waste management toolkit*. Milwaukee, 2011.

WON, J.; CHENG, J. C. P.; LEE, G. Quantification of construction waste prevented by BIM-based design validation: case studies in South Korea. *Waste Management*, v. 49, p. 170-180, 2016.

WU, Z.; YU, A. T. W.; SHEN, L.; LIU, G. Quantifying construction and demolition waste: an analytical review. *Waste Management*, v. 34, p. 1683-1692, 2014.

YU, A. T. W.; POON, C. S.; WONG, A.; YIP, R.; JAILLON, L. Impact of construction waste disposal charging scheme on work practices at construction sites in Hong Kong. *Waste Management*, v. 33, p. 138-146, 2013.

YUAN, F.; SHEN, L.; LI, Q. Emergy analysis of the recycling options for construction and demolition waste. *Waste Management*, v. 31, n. 11, p. 2503-2511, 2011.

YUAN, H. Key indicators for assessing the effectiveness of waste management in construction projects. *Ecological Indicators*, v. 24, p. 476-484, 2013.

YUAN, H.; SHEN, L. Trend of the research on construction and demolition waste management. *Waste Management*, v. 31, p. 670-679, 2011.

YUAN, H.; CHINI, A. R.; LU, Y.; SHEN, L. A dynamic model for assessing the effects of management strategies on the reduction of construction and demolition waste. *Waste Management*, v. 32, n. 3, p. 521-531, 2012.

ZAHIR, S. et al. Approaches and associated costs for the removal of abandoned buildings. *Construction Research Congress 2016*, p. 229-339, 2016.

ZORDAN, S. E.; PAULON, V. A. *A utilização do entulho como agregado para concreto*. Resumo de defesa de tese de mestrado. 1997. Disponível em: <www.reciclagem.pcc.usp.br>.